艺术设计
ARTDESIGN

高等院校艺术学门类「十三五」规划教材

主编 任康丽 苏和

JIAJU YU CHENSHE YISHU SHEJI

家具与陈设艺术设计

华中科技大学出版社
http://www.hustp.com
中国·武汉

图书在版编目（CIP）数据

家具与陈设艺术设计 / 任康丽，苏和主编. — 武汉：华中科技大学出版社，2015.10 (2021. 12 重印)
高等院校艺术学门类"十三五"规划教材
ISBN 978-7-5680-1313-0

Ⅰ.①家…　Ⅱ.①任…　②苏…　Ⅲ.①家具 – 设计 – 高等学校 – 教材　②家具 – 室内布置 – 高等学校 – 教材　Ⅳ.①TS664.01　②J525.3

中国版本图书馆 CIP 数据核字(2015)第 253795 号

家具与陈设艺术设计
Jiaju yu Chenshe Yishu Sheji

任康丽　苏　和　主编

策划编辑：彭中军
责任编辑：华竞芳
封面设计：龙文装帧
责任校对：曾　婷
责任监印：张正林
出版发行：华中科技大学出版社（中国·武汉）
　　　　　武昌喻家山　　邮编：430074　　电话：（027）81321913
录　　排：龙文装帧
印　　刷：武汉科源印刷设计有限公司
开　　本：880 mm×1 230 mm　1/16
印　　张：10
字　　数：307 千字
版　　次：2021 年 12 月第 1 版第 5 次印刷
定　　价：59.00 元

目录

 1 **第一章　家具与陈设设计的概念**
Chapter 1　Furniture and Furnishing Design Concept

　　第一节　家具与陈设设计的一般概念　/2
　　第二节　室内陈设的主要任务　/3
　　第三节　陈设设计的关联对象　/5
　　第四节　陈设设计的作用　/7
　　第五节　室内陈设艺术的设计要点　/8

 11 **第二章　家具设计的历史**
Chapter 2　Furniture Design History

　　第一节　西方古典家具历史　/12
　　第二节　西方近现代家具历史　/19
　　第三节　中国古代家具历史　/34

 49 **第三章　家具与陈设的基本类型**
Chapter 3　Basic Types of Furniture and Furnishing

　　第一节　艺术品与家具的组合陈设　/50
　　第二节　布艺与家具的组合陈设　/60

 65 **第四章　居住空间的家具与陈设艺术**
Chapter 4　Furniture and Furnishing Art of Living Space

　　第一节　居住空间的一般家具类型　/66
　　第二节　居住空间陈设艺术风格　/71
　　第三节　居住空间陈设艺术品分类　/79

81 **第五章　办公空间的家具与陈设艺术**
Chapter 5　Furniture and Furnishing Art of Office Space

　　第一节　办公空间家具的一般类型　/82
　　第二节　办公空间中陈设品的主要类型　/96
　　第三节　办公空间陈设艺术风格　/99
　　第四节　办公空间家具与陈设案例分析　/102

Furniture and Furnishing Art Design

111 **第六章　公共空间的家具与陈设艺术**
Chapter 6　**Furniture and Furnishing Art of Public Space**

第一节　公共空间中的家具与陈设设计　/112

第二节　公共空间中的陈设艺术风格　/116

第三节　公共空间中的家具与陈设案例分析　/120

 123 **第七章　酒店空间的家具与陈设艺术**
Chapter 7　**Furniture and Furnishing Art of the Hotel Space**

第一节　酒店空间中的一般家具类型　/124

第二节　酒店空间中的陈设艺术风格　/136

第三节　酒店空间中的家具与陈设设计案例分析　/139

 141 **第八章　绿色植物与陈设艺术**
Chapter 8　**Green Plants and Furnishing Art**

第一节　空间中具有生命力的陈设设计　/142

第二节　空间中植物配置的作用与功能　/143

第三节　空间植物装饰设计原则　/146

第四节　居住空间植物配置与陈设设计　/147

 152 **参考文献**

第一章

家具与陈设设计的概念

Chapter 1　Furniture and Furnishing Design Concept

第一节
家具与陈设设计的一般概念

人类从诞生之日起就知道"美化"其生存的环境。在漫长的历史发展过程中，家具与陈设伴随着人类的文明从远古走到现代，其艺术形式在不断地完善、丰富并逐渐发展成室内设计专业的一个子系统。随着经济、文化的快速发展，人们的生活品位逐渐提高，创造既能满足使用功能需求，又具有艺术鉴赏力的家具与陈设成为现代人新的理想生活追求。因此，家具与陈设的设计范畴及广度也在不断地发展和延伸，并成为一类新的研究方向。

对家具最简单的理解是室内空间中所摆放的用于坐、卧的设施。家具包括很多门类，并具有不同的功能与形式，是室内设计中的主要内容。合理的家具配置能够达到视觉上的平衡，构成一个使用功能与美观并存的内部环境。

对陈设最通俗的解释就是陈列、摆设，具体在室内空间中是指窗帘、家具、灯具、艺术品、花卉等与室内各空间的组合关联。陈设设计是尽可能地运用空间中一切媒介，强化个性效果，提升文化审美精神，丰富人对空间的感性认识。

家具与室内陈设设计应与空间的用途和性质相一致。不同的空间功能所涉及的家具与陈设的内容应有所选择，必须整体协调把握。个性化的家具与陈设设计不仅具有玩味欣赏的作用，同时还应有潜移默化影响生存方式的意义。从室内陈设设计中可折射出居住者的身份、地位、兴趣、品位等个性特色，物与空间的风格化形式将强化室内空间设计的理想意义。

一、家具设计的基本概念

家具设计，英文为"furniture design"。家具是指人类维持正常生活、从事生产实践和开展社会活动必不可少的一类器具。家具跟随着时代的脚步不断发展创新，到如今门类繁多，用料各异，品种齐全，用途不一。家具是由材料、结构、形式和功能四种因素构成的，其中功能是先导，是推动家具发展的动力；结构是主干，是实现功能的基础。这四种因素互相联系，互相制约。

二、室内陈设设计的基本概念

室内陈设可称为摆设、装饰、软装饰等。"陈"在《辞海》中有多种解释：①安放，摆设，陈列；②叙述，说明；③时间久的，旧的；④周朝国名，在今河南东部和安徽亳州一带，为楚所灭；⑤朝代名，南朝之一，公元557—589，陈霸先灭南梁后建立，建都建康（今南京）为隋所灭。"设"在《辞海》中的解释为：①建立；②陈列，布置；③筹划；④假如，假设。"陈设"的意思为布置、摆设，也指摆设的东西。因此，"陈设"的古意与现代的意义相仿，都是摆设、安放、布置室内空间的意思。

从现代的生活中看，室内陈设设计是被单独列为一个研究专项的内容。陈设艺术设计是建立在建筑学、环境科学、美学和社会科学基础上的边缘学科，它是以人的活动及空间条件为依据的，对广泛的视觉艺术门类及实用生活用品进行整合设计，其目的是创造人类和谐、美好的生活环境。

陈设设计也被称为软装饰设计，英国设计史学家乔治·塞维奇（George Savage）认为室内软装饰设计是建筑内部固定的表面装饰和可移动的布置所共同创造的整体结果。硬装饰是指固定在建筑物表面或内部的装饰，是不可移动的。而软装饰设计具体的解释是在室内设计的过程中，设计者根据空间环境的特点、功能需求、审美需要、使用对象、工艺特点等要素，利用室内可移动物品塑造的陈设内容。它涵盖了室内所有非固定装饰物品，包括室内织物（如壁挂、窗帘、台布、床罩）、家具、灯具、植物等各项内容的形态设计、色彩设计、材质设计、灯光设计等。事实上，陈设设计是影响室内物质环境与精神环境的重要因素。

根据使用功能的不同，室内陈设设计可大体分为住宅室内陈设设计与公共空间室内陈设设计两类。前者主要是根据居住者的自身条件及精神需求来确定的，目的是为家庭营造出温馨的室内环境。后者是指除了住宅以外的所有建筑物的室内空间，根据环境及使用性质的不同，创造出独特的空间氛围。

陈设艺术设计包括两个方面的内容：第一，空间中实用陈设品的设计、选择与布局，包括局部的具体设计；第二，观赏艺术品的计划、选择与布局，包括各类艺术品的具体创作形式。因此，室内陈设一般也分为功能性陈设和装饰性陈设。功能性陈设指具有一定实用价值并兼有观赏性的陈设，如家具、灯具、织物和日用器皿等。装饰性陈设指以装饰观赏为主的陈设，如古玩、字画、工艺品、植物、插花等。

不同的时代，不同的环境，不同的室内功能，不同的使用者，不同的地域及民俗，不同的文化背景，家具与陈设设计在空间的表现意义都有所不同。

第二节
室内陈设的主要任务

室内陈设作为室内设计中不可分割的一部分，对室内环境有着重要的作用，也是决定室内设计成功与否的重要标志。室内陈设设计可以烘托室内气氛，创造环境意境，将室内空间环境提升到一个新的文化境界。与气氛相比较，意境是不仅被人感受，还能引人联想与启迪的一种精神世界的享受。因此，在陈设艺术设计中协调不同的风格，塑造不同的陈设作品会将室内空间指向新的设计高度。

室内陈设设计是创造性地发展室内二次空间，丰富空间层次。其任务比一般的室内设计更为细致。室内陈设艺术是将家具、灯饰、地毯、绿植、布艺等划分出二次空间，使空间的分隔更完美，使用功能更趋合理性，增加空间的层次属性，使室内设计的品质文化更为突出，调节室内环境色彩，柔化空间氛围。室内陈设设计的任务包括四方面：①满足对空间环境的使用需求；②体现对室内三大界面的艺术装饰，使空间层次更为丰富；③对家具、织物、植物等进行系统布置及重新创作，满足使用者的精神文化需求；④调节室内色彩，丰富视觉层次。

一、满足对空间环境的使用需求

室内陈设应与室内使用功能相一致，满足室内最基本的功能需求。陈设品的线条、色彩，不仅应展现本身的特色，也应与空间场所相互对应，体现空间特色，形成独特艺术氛围。

室内陈设品的大小、形式应与室内空间家具尺寸取得良好的比例关系，满足其空间的需求规范。如果室内陈设品过大，常使空间显得狭小而拥挤；如果室内陈设品过小，又可能产生室内空间过于空旷的问题。因此，一切陈设品都应与家具和室内空间的大小密切配合，与空间融为一体，形成稳定、平衡的关系。

陈设品的布置应满足室内风格的整体要求，形成统一的视觉效果。室内空间的对称或非对称，静态或动态，对称平衡或不对称平衡，环境气氛的严肃、活跃、雅静等，这些内容都要满足其空间整体风格的需求。

陈设艺术的宗旨就是要创造一种更加合理、舒适与美观的室内空间环境。认识到空间环境需求的重要性就能在陈设艺术品的选择上具有创新性，在室内设计中更加注重发挥它的作用，创造出丰富多彩的室内空间。

二、体现对室内三大界面的艺术装饰，使空间层次更为丰富

室内陈设设计能够使室内的空间层次更为丰富，改善其各类空间形态。由墙面、地面、顶面围合的空间称之为一次空间，而利用室内陈设分割其一次空间就能形成可变的二次空间。在二次空间的界面装饰中需要将陈设设计的理念都统一在其中，表现在其界面的不同装饰氛围中。如室内中的绿色植物可将其靓丽的色彩、生动的形态、无限的趣味有效地与室内顶面、地面、墙面的设计进行结合，以改善室内的空间层次。

在界面的设计中，陈设品的色彩、材质也应与空间的层次相协调。整体陈设设计在色彩上可以采取对比的方式，以突出重点；或采取调和的方式，使家具和陈设之间，陈设和陈设之间，取得相互呼应、彼此联系的协调效果。

三、对家具、织物、植物等进行系统布置及重新创作，能够满足使用者的精神文化需求

室内陈设是对家具、织物、植物等进行系统布置，营造室内气氛和意境。气氛是内部环境给人的总印象，是能够多少体现这个环境与那个环境具有不同性格的东西。通常所说的"轻松活泼""庄严肃穆""安静亲切""欢快热烈""朴实无华""富丽堂皇""新颖时髦"等室内气氛感受都可以由环境气氛体现出来，以满足不同人的精神文化需求。利用软装饰重新创造意境则是室内环境所要集中体现的设计思路，与气氛相比，意境不仅可以被人感受，给人以启示或教益，还能引起人们情感上的共鸣。

在有些建筑中，密集的钢架、成片的玻璃幕墙、光亮的金属板材充斥了室内空间，这些材料所表现出的生硬冰冷的质感，使人们对空间产生了疏远感。而家具、织物、植物这些元素能够明显地柔化空间，丰富空间的层次，给室内带来一派生机。

优秀的室内设计总是需要具有特定的气氛或明确的主题，因此，当室内空间所需要表达某种气氛，可确定一种主题时，可借助于室内陈设设计予以表达。陈设品大多为具体的物品，它在室内环境中可起到画龙点睛和情景交融的作用。陈设设计能够让使用者的文化修养得以提升，满足其内心世界的精神需求。

四、调节室内色彩，丰富视觉层次

色彩是室内设计中最有感染力的元素。如：红色使人心跳加快，感到兴奋；黄色是所有色相中明度最高的色彩，具有轻快、透明、活泼、光明等印象；白色让人感觉宁静、安详、纯洁。不同的色彩可以引起不同的心理感受，因此在室内陈设设计中解决好色彩的问题，能够提升室内空间的感知度、舒适度以及环境气氛，并对使用者的心理和生理均有较大影响。

陈设设计中具有丰富的色彩因素，赋予室内空间生命力。陈设品的色彩既作为主体色彩而存在，又作为点缀色彩来运用。在地面、墙面、天花板上进行色彩设计，同时精心挑选插花、字画、工艺品装饰室内空间，可给空间带来丰富的色彩效果，调节使用者的内在心理感受。

第三节
陈设设计的关联对象

　　室内陈设设计是室内设计中不可分割的重要组成部分，它需要解决室内空间中的各类装饰问题。家具、织物、灯具、植物等是室内陈设中的各类元素，运用得当能够将室内设计呈现出具有个性特征的空间感受。陈设设计在室内设计中的侧重点和研究的深度具有独特性，它是在室内功能解决后所做的进一步深入细致的具体设计，能体现出文化层次与人的精神层面。其艺术效果与设计师、使用者的内在修养、文化学识、精神需求都有着重要的关联。室内陈设设计与室内设计是一种相辅相成的枝叶与大树的关系，不可强制分开，只要存在室内设计的环境，就会有室内陈设的内容。

一、家具与陈设设计的关联

　　家具与陈设设计有密切的关联。家具是满足人们生活需求的产物，其尺度、比例直接影响到室内环境的舒适性。而陈设设计涉及家具的造型、色彩和材质等，它影响着室内空间氛围的营造。家具受地域、民族、风俗习惯等不同因素的影响，形式千变万化，而陈设随之改变，形成了家具陈设一体化的模式。如中式古典家具按使用功能可以分为坐具（长凳、椅子等）、承具（炕桌、条案、香几等）、卧具（榻、罗汉床、架子床）等。在这些家具中，陈设古玩如瓷器、陶器、茶具、佛像等，形成特有的中国传统风格，集中反映了中式传统室内风格的特色。

二、织物与陈设设计的关联

　　织物在现代陈设设计中占了相当大的比重。窗帘、床罩、沙发布艺、地毯、壁挂、帷幔以及房间的隔断等都具有织物的元素。织物除了具有遮蔽、隔声、隔热、调节光线等作用，还能形成多样性的室内柔化设计方法。它将装饰中生硬的、冰冷的线条分割成柔美、细腻的多维度空间，使室内居室环境具有想象力，富有人情味。

　　从室内陈设设计角度看，织物的不同色彩、图案、肌理及品质都会给人带来不同的心理感受。红色调给人以热情、温暖之感；蓝色调给人以安静、清凉之感。大图案给人简洁、醒目的印象，小图案带给人秀美之感。丝绸质地轻薄，给人以动感；麻绒质地厚实，富有立体感。这些都与整体的陈设设计密切相关，形成具有特色的艺术氛围。如在现代建筑中，由于窗户所占墙面面积增大，故窗帘在陈设设计中十分凸显。窗帘不仅具有遮光、阻挡视线的功用，而且还具有私密性和安全感的属性。在空间的陈设设计中，营造室内良好空间氛围需要利用窗帘的渲染与烘托。

三、灯具与陈设设计的关联

　　灯具设计在室内环境中具有重要的烘托作用。各类灯具的设计不仅能够加强室内空间冷暖氛围，而且灯具本身也逐渐成为一种另类、时尚的家具，它为室内设计增添了实用性与艺术性的空间效果。

现代灯具最早来源于工艺美术运动，它首先提出了"美与技术结合"的原则，反对纯艺术。工艺美术运动在装饰上推崇自然主义，同时它强调设计忠于材料和适应使用目的，从而创造出了一些朴素而实用的作品。这些观念对于灯具设计的发展起到了开辟先河的作用。

自工艺美术运动以后，灯具设计便开始与室内陈设有着密不可分的关系。在功能前提下，灯具的艺术性和装饰性会陶冶心境，渲染生活品质。灯具的存在不仅完备了室内的内部功能，而且由于灯具的使用灵活性，使空间处理得到丰富和延伸。灯光是空间的魔术师，灯光的美诱惑着光影空间若隐若现，使人的心境得以愉悦。

四、艺术品与陈设设计的关联

艺术品与陈设设计有着密不可分的联系。随着社会生产力的提高、现代化进程的加快，人们越来越关注精神层次的修炼。它主要体现在生活品位的个性化、风格化，不再满足于大众性质和主要功能性质的室内空间环境。而具有独特审美心境的室内空间越来越受到现代人的青睐，正是在这种需求下促进了室内陈设设计的发展，影响着设计中更多风格个性化和多元化的陈设艺术倾向。因此，艺术品在这一装饰潮流中扮演着重要角色，其内容在室内空间中的表现形式也多种多样，在运用的过程中应注意与空间的性质和用途相一致，无论是在内容、题材的选择上，还是在设计风格的确定上，都要与室内空间整体风格相协调。艺术品的意义在于烘托室内气氛，强化空间特点，增添空间中的审美情趣，实现个性化与环境的统一。

五、植物与陈设设计的关联

人的一生约有 80% 的时间是在室内度过的，因此，室内空间环境是影响人们生理及心理健康的重要因素之一。工业革命的成果在为人类带来了坚固、明亮、舒适及使用方便的建筑的同时，也带来了一系列的病症。建筑物内部家具、装饰材料等大量散发有毒、有害气体，同时许多家电辐射指数偏高，给人们的生命健康带来了极大的威胁。因此，绿色设计的概念日益受到人们的关注。

在对室内空间做充分分析后，就要进行室内绿化植物的选择，要全面考虑植物的生态习性、观赏特性及室内空间的具体环境条件等各方面因素，科学合理地选出适宜的室内绿化植物，使其通过艺术的安排布置，令室内锦上添花。

要使室内绿色植物具有良好的视觉效果，就必须选择适合室内种植的植物。植物的生长取决于温度、光照、水分、空气等自然条件，而室内空间的生态条件与室外相比有一定的不足，室内的光照、通风等条件都不如室外的更有利于植物的生长。因此，要根据室内空间的生态条件选择绿化植物的类型，如耐旱的仙人掌、多肉植物，以及较容易养护的观叶性植物都能与室内陈设家具进行搭配形成生态的区域小环境。另外，植物的形态、色彩等往往具有不同的艺术美感，具有较强的观赏性，从而受到人们的喜爱。如，中式风格的空间中，在红木几架或博古架上摆放虬曲多姿、苍劲古朴的树桩盆景，与字画书法相映衬，更显中式风格的沉稳内敛和意境深远。

总之，室内绿化植物的选择，要全面考虑植物与室内空间各方面的关系，避免因选择不当造成空间艺术美感的缺失，也要避免因为植物自身的生态习性与室内环境条件不符而枯竭。同时，要注意避免在室内摆放有毒有害的植物，以免危害身体健康。

第四节
陈设设计的作用

室内陈设设计是一个极富人性化的概念，使用者的定位决定设计是否成功。设计的成功与否依靠设计概念的引导性是否正确。不同传统文化体现了人们不同的生活方式、思维习惯等。因此，陈设之物之于环境，犹如公园里的花、草、树、木、山、石、小溪、曲径、水榭，是赋予自然之景空间生机与精神价值的重要元素。陈设品的艺术品鉴对当下的室内空间亦起到了较大作用。

一、满足使用功能与精神需求，提升空间设计的特色

现代室内陈设艺术不仅直接影响到人们的生活质量，还与室内的空间组织、能否创造高水准的美好环境有着密切关联。现代室内陈设在满足人们生活需求、休息等基本要求的同时，还必须符合审美的原则，形成一定的气氛和意境，给人们带来美的享受。陈设品的基本类型有实用型、装饰型和两者兼有的形态。其种类繁多，不拘于形式，常用的有古玩、书籍、乐器、字画、雕塑、插花、绿色植物、织物、日用器皿、家用电器及其他小物品。它们的运用十分广泛，除了满足人的使用和精神上的功能需求外，还对提升空间的文化特色起到了积极的作用。

功能关系一方面体现在陈设品之间的搭配组合中，同时也体现在与空间、界面的相适应中。在大空间中往往存在无界面限定感知的小空间，这种小空间具有亲切感、安全感、领域感，是人的心理环境所需要的重要环境。陈设设计为这样的小环境创造了许多构造形态与设计思路。如休息大厅中用地毯和沙发构成休息区，其体量感为空洞的大厅增添了舒适的氛围。又如，屏风或小隔断围合的餐厅雅座，使单调、沉闷的墙面形成富有变化的视觉效果。酒店大堂有绿树、鱼池和花台的营造，室内外融为一体，形成舒适宜人的生态环境。陈设设计在功能上、艺术上对空间进行补充、丰富，从精神层面使人得到意想不到的生动情趣。

二、面对不同人群，陈设设计手段对人的心理环境具有极大的影响

由于室内空间中的使用者不同，对于室内陈设的布置亦有不同的心理需求。陈设品的形式、大小、色彩、质感和肌理会给人带来不同的视觉和心理感受。如儿童使用的室内空间常布置各类玩具和色彩鲜艳、富于幻想的装饰物，充满童年趣味，突出儿童活泼好动、大胆奔放的心理特征；老年人则偏向成熟、古典的风格，沉稳的色调及幽雅的饰物，体现一派平和宁静的气息，这样的陈设符合老年人的心理特征。陈设设计对于不同年龄的人，在心理环境的处理上有所不同，不同的陈设设计可以使人获得稳定、亲切、活泼、冷暖、轻重、远近等不同感受。陈设品质感的设计表达实为含蓄，但体现出无穷的领悟力和想象力。

三、柔化空间，形成空间的展示主体元素

现代科技的发展，城市钢筋混凝土建筑群的耸立，大片的玻璃幕墙，光滑的金属材料等，这些都构成了冷硬、沉闷的都市空间，使人越发不能喘息。然而，人类喜欢悠闲、自然愉悦、舒适、活泼的室内环境，并寻求个性特

色。因此，陈设设计中的元素如植物、织物、家具等的介入，无疑使空间充满了柔和感与生机感。室内陈设中的织物一般质地柔软，手感舒适，易于产生温暖感，使人亲近。天然纤维棉、毛、麻、丝等织物来源于自然，易于创造出富有人情味的自然空间，从而缓和室内空间的生硬感，起到柔化空间的作用，同时也丰富了室内空间。

四、强化室内环境风格，体现传统文化内涵

陈设艺术的历史，是人类文化发展的缩影。在漫长的历史进程中，不同时期的文化赋予了陈设艺术不同的内容，也造就了陈设艺术的多姿多彩的艺术特性。陈设设计能够强化室内空间中的风格，如古典风格、现代风格、中国传统风格、乡村风格等，既体现时代特色的一面，也有人性化的一面。德国哲学家叔本华曾提到风格是"心灵的外观"，因此，在追求风格时，不论这些形式多么经典，如果没有心灵的创造，则室内空间索然无味、空洞无物。优秀的室内陈设设计必然存在一种延续的内涵，它是具有历史性、哲理性的，能体现人的精神本性思维。因此，陈设品的合理选择对室内环境风格起着强化的作用。

五、简约的设计概念赋予陈设艺术更重要的使命

现在很多人提倡简约，也有人明确提出了"简装修、重陈设"的概念。所谓"简装修"，也就是淡化对界面的修饰，而"重陈设"则是在室内装饰中更加强调陈设设计的作用。简约成为设计的原则。简约不是简单化，而是更高层次的追求。注重简约的建筑空间及其装修一般没有强烈的文化性格，在艺术风格上是中性的，给陈设艺术表达以极大的自由空间，也给陈设艺术以重要的使命。因为人在生活空间中不会满足一般功能意义上的陈设，人需要在空间中有些"视点"，并通过这些"视点"享受美感，也需要通过一些文化形态反映过去和现在的联系，寻求精神的寄托和性情的陶冶。因此，陈设设计除了功能性和形式美感的要求，文化品位的要求十分重要。"简装修、重陈设"给予陈设艺术以更高的要求，体现文化品位、地域特色和个性的任务就主要由陈设艺术来创造。

第五节
室内陈设艺术的设计要点

一、陈设品与其所处环境相协调

在室内设计中应根据环境特点来选择适宜的陈设品。具有个性的优秀饰品如家具、织物、灯具、植物、雕塑等都可以作为陈设品，在设计时充分发挥陈设的特点，让陈设与室内的环境相协调，形成具有统一性的空间风格。室内陈设艺术设计需要展开丰富的空间想象，充分发挥各类材质的魅力，以创造无穷的精神世界。

二、陈设品协调空间的尺度与比例

古希腊毕达哥拉斯派提出"美是和谐与比例"，说明事物的秩序、比例、尺度对提升美的内涵的重要性。艺术界的"黄金分割比例"，也是直接强调设计的事物各部分之间一定要有数学比例关系，即 $1:0.618$。尽管审美是

尺度协调的观点具有一定机械性的局限，也不能说明美的全部含义，但它对艺术形式的创造，对陈设设计却具有极其重要的指导意义。在陈设设计中必须将空间面积、墙体高度、家具尺度与陈设具体内容的尺度联系起来统一考虑。

三、陈设品色彩符合空间环境特点

陈设品的色彩应与室内家具统一协调，形成空间的整体层次特色。在色彩设计中可以采取对比的方式突出重点，或采取调和的方式与环境取得呼应，彼此联系。色彩是彰显个性特色的重要元素，如卧室墙面装饰选择淡蓝色体现恬静；书房选择根雕、古董的厚重色体现沉稳与典雅。这些在陈设设计中的色彩变化能够使空间增添更为贴近人精神生活的境界。

四、陈设品的选择与家具风格统一

室内家具的良好的视觉效果，放置构图的稳定及平衡关系，空间层次的对称与非对称形式都是陈设品与家具配置中需要关注的设计原则。陈设品的形、色、内涵与家具进行关联，而家具的风格反过来也映衬出陈设品的魅力，使空间更为丰富。

五、陈设品在空间中的垂直划分

在我国传统建筑中，空间的组织和划分是以水平方向为主，借助家具和屏风等实施的，这些方法在现代空间中依然存在。但是，由于现代建筑的结构形式的多样化使得现代空间的流通除了水平方向外，还有竖向空间的流通，垂直空间划分的手段灵活多变能改善室内单调的模式，使空间的层次更为凸显，陈设品在人的视觉构造上更为灵活。

六、陈设品材质与室内环境协调统一

陈设品的材质选择也是营造室内装饰效果的重要因素。材质是构成陈设品的物质基础，不同的材质产生不同的结构形式和不同的装饰造型。如：中国传统家具，利用花梨木及框架结构产生了具有淳朴、端庄、秀丽的造型；而现代家具中不锈钢管与皮革软垫及其特殊的结构特性形成了轻巧、通透的造型。随着社会的进步和科技的发展，不断有新的材料层出不穷地出现，丰富着人们的日常生活以及审美情趣。

七、陈设品的形状与所处环境相协调

陈设品的形状从体积角度可分为平面陈设品和立体陈设品两种。平面陈设品有书画、壁挂、照片等。这类陈设品一般都从正面观赏，可将其布置在室内的墙面、隔断以及各种呈平面状的界面上。立体陈设品有雕塑、绿植、盆景、观赏石、古玩等。立体陈设品无疑可以从各种角度观赏，它们除了可以靠近室内各种平面状的界面布置外，还可以布置在空间的其他各种位置上。在选择立体陈设品时要注意其形态能满足多方位视觉的要求。

思考题
(1) 陈设设计包括哪些方面的内容？
(2) 室内陈设设计的作用及设计要点是什么？

家具设计的历史

Chapter 2　Furniture Design History

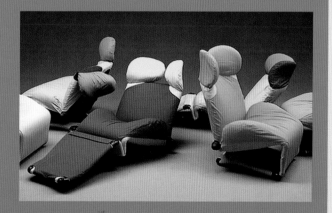

东西方家具设计的历史见证了人类从最基本的生活方式到最实用、美观的设计观念的进步。了解家具设计的历史对学习艺术史、设计史都有所帮助。家具是人类生活中必不可少的一项产品，它的设计也预示着人类对美的探索与研究。由于受不同社会时期文化艺术、生产技术和生活习惯的影响，古代家具大致可以分为三个历史阶段，即奴隶社会的古代家具阶段、封建社会的中世纪家具阶段和文艺复兴以后的近代家具阶段。19世纪欧洲工业革命后，西方家具的发展进入了工业化的轨道，在现代设计思想的指导下，摒弃了奢华的雕饰，提炼出抽象造型，更加注重功能性设计。现代家具通过科学技术的进步和新材料、新工艺的发明，家具的功能性更为多样，造型日趋简洁、完美，成为创造和引领人类新的生活物质文化形态标杆。

中国家具是中国文化的重要组成部分，历史悠久，在其漫长的历史过程中，创造出了灿烂辉煌的文化。其中明式家具更是以其独特的艺术魅力和浓厚的文化底蕴独树一帜，成为世界关注的焦点。中国历代家具的特质，在于它不仅仅通过各历史时期的演变，完善其服务于人类的使用价值，同时还凝聚出在特定环境里形成的不同艺术风格。

第一节
西方古典家具历史

一、古埃及家具（公元前 27 世纪—公元前 4 世纪）

古埃及作为世界四大文明古国之一，其文明的延续迄今为止已有几千年的历史。当代史料研究所提及的古埃及家具，一般指的是公元前27世纪至公元前4世纪时期的古埃及家具。古埃及的贵族们，在古王国时期（约公元前2686—公元前2181年，包括第四王朝到第六王朝）就开始使用椅子、凳子和床等家具，并在上面饰以金、银、宝石、象牙、乌木等，还做了细致的雕刻。古埃及家具的结构十分先进，如镶嵌拼接、榫头和榫眼、燕尾榫、斜榫、暗榫、木钉加金属件的结构等，都反映了古埃及木工技术水平的高超，这些技术至今仍在采用。此外，古埃及家具的装饰与使用者的社会地位有关，地位越高者所使用的家具装饰性就越强。其装饰图案的风格多采用工整严肃的木刻狮子、行走兽蹄形腿、鹰和植物图案等（见图2-1和图2-2）。

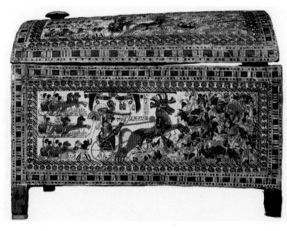

图 2-1　古埃及精美的彩绘箱　　　　　　　　图 2-2　古埃及风格的现代家具

二、古希腊家具（公元前 11 世纪—公元前 1 世纪）

古希腊古典时代文化可以细分为古风时代、古典时代和希腊化时代。古希腊最杰出的家具出现在古典时代，绝大多数是公元前五六世纪的作品。古希腊家具的造型特征最能反映古希腊人对形式美的追求。古典时代的希腊家具设计中，摒弃了古埃及造型中的刻板，以及亚述、波斯的大尺度及装饰上的冗余琐碎，显得简洁轻盈、造型优美。古希腊家具装饰风格的起源多受三个古典柱式的影响，即多立克式、爱奥尼克式及科林斯式（见图 2-3）。腿部一般雕刻有玫瑰花结和一对棕叶饰，棕叶周围被切掉，呈现出 "C" 形漩涡状切痕。总体来说，古代希腊家具的魅力就在于造型适合人类生活的要求，实现了功能与形式美的统一，体现出自由、活泼的气质，立足于实用而不过分追求装饰，比例适宜，线型简洁流畅（见图 2-4）。

Klismos 椅是古希腊最有代表性的家具之一（见图 2-5 和图 2-6）。该椅在造型上有曲有直，各构件的厚度尺寸精巧匀称，零件尺寸发生变化时也过渡得十分自然顺畅，椅下腿曲线外向的张力通过座面与其交接处外露节点处理以及靠背的内方向弯曲状设计而得到抵消，并达到一种相对均衡的状态。尽管这种家具没有实物存留于后世，但从它的形式、结构与外观可以看出当时的工匠已具有相当高超的技艺。

图 2-3　古希腊陶器上的长榻家具（腿部用涡卷进行装饰，与爱奥尼克式柱子上所用涡卷十分相似）

图 2-4　古希腊大理石兽首扶手椅　　图 2-5　古希腊石碑上的 Klismos 椅　　图 2-6　现代的 Klismos 椅

三、古罗马家具（公元前 5 世纪—公元 5 世纪）

古罗马文明的发展晚于西亚各个古代国家和古埃及、古希腊的文明发展。古罗马在建立和统治庞大国家的过程中，吸收了之前众多古文明的成就，并在此基础上创建了自己的文明。古罗马家具是在古希腊家具文化艺术基础上发展而来的。在古罗马共和时代，上层社会住宅中没有大量设置家具的习惯，因此家具实物不多。自古罗马帝政时代开始，上层社会逐渐普及各种家具，并使用一些价格昂贵的材料。

古罗马家具设计是古希腊式样的变体，家具厚重，装饰复杂、精细，多为青铜和大理石家具，还有大量木材家具，而且樟木框镶板结构已开始使用，还加以镶嵌装饰，常用的纹样有雄鹰、带翼狮子、胜利女神、桂冠、忍冬草、月桂、卷草等。尽管在造型和装饰上受到了古希腊的影响，但仍具有古罗马帝国坚厚凝重的风格特征（见图 2-7 至图 2-9）。

图 2-7　古罗马兽首圆腿大理石桌

图 2-8　三角支撑青铜烤火盆（庞贝古城中发掘的，　　图 2-9　弧形的青铜躺椅（有银饰镶嵌图案）
　　　　其以精美的狮身女神像及涡卷纹装饰）

四、哥特式家具（公元 12 世纪—公元 16 世纪）

哥特式家具受哥特式建筑风格影响很大，其主要特征与当时的哥特建筑风格一致，模仿哥特建筑上的某些特征，如尖顶、尖拱、细柱、垂饰罩、连环拱廊、线雕或透雕的镶板装饰等。

哥特式家具主要有靠背椅、座椅、大型床柜、小桌、箱柜等家具（见图 2-10 和图 2-11）。哥特式家具结构制作复杂，采用直线箱形框架嵌板方式，嵌板是木板拼合制作的，上面布满了藤蔓花叶根茎和几何图案的浮雕装饰。这些纹样大多具有基督教的象征意义，非常华丽精致。其最有特色的是坐具类家具。哥特式靠背椅和教堂座椅的靠背较高，大多是模仿建筑窗格装饰线脚。当时的建筑室内竖向排列的柱间尖拱形的细花格洞口，窗口上部火焰形线脚装饰，卷蔓、亚麻布、螺形、人物等纹样装饰创造出宗教至高无上的严肃神秘气氛。哥特式椅的靠背都是采用尖拱形的造型处理，柱式框架顶部跨接着火焰形的尖拱门，垂直挺拔向上（见图2-12）。带有扶手的教堂座椅，两侧扶手下部及坐下望板都是建筑上的连环矢形拱门（见图2-13）。

图2-10 哥特式风格的床

图2-11 哥特式风格的书柜

图2-12 哥特式风格的椅子

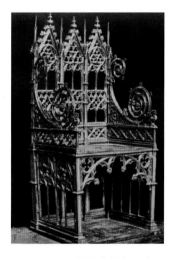

图2-13 哥特式教堂宝座

五、文艺复兴式家具（公元14世纪—公元16世纪）

文艺复兴起源于14世纪的意大利，后来扩大到德国、法国、英国和荷兰等欧洲其他国家。文艺复兴在15世纪以古典文学作为表现形式并带动了知识、艺术、科技的发展。文艺复兴式家具在欧洲流行了近两个世纪，家具的图案主要表现在扭索（麻花纹）、蛋形、短矛、串珠线脚、叶饰及花饰等。装饰题材以宗教、历史、寓言故事为主。家具主要用材有胡桃木、椴木、橡木、紫檀木等。镶嵌用材早期是骨、象牙和色泽不一的木料，盛行期发展到用抛光的大理石、玛瑙、珐琅和金银等珍贵材料。此外，不同的国家也都有各自不同的特点。如：文艺复兴时期的法国采用繁复的雕刻装饰，显得富丽豪华（见图2-14）；意大利家具则以造型设计的高雅、奢华、庄重、威严而著称，具有纯美的线条和合适的古典比例（见图2-15）。

图 2-14　法国文艺复兴时期的木雕装饰梳妆台　　图 2-15　文艺复兴时期意大利的卡萨盘卡（Cassapanca）长椅

六、巴洛克风格的家具（公元 17 世纪—公元 18 世纪初）

巴洛克译自葡萄牙语"barroco"，为珠宝商人用来描述珍珠表面光滑、圆润，或凹凸不平、扭曲的特征用语。巴洛克艺术首先是从建筑和家具设计上反映出来的，其追求动感，尺度夸张，一反文艺复兴时代艺术的庄严、含蓄、均衡而追求豪华和浮夸的表面效果。

巴洛克风格的家具以浪漫主义精神为出发点，赋予亲切柔和的情感，追求跃动型装饰样式，以烘托宏伟、生动、热情、奔放的艺术效果。其利用多变的曲面，采用花样繁多的装饰，做大面积的雕刻、金箔贴面、描金涂漆处理，并在坐卧家具上大量应用面料包覆，使得家具舒适性得到了较大提高的同时还使家具有了富丽堂皇的视觉效果（见图 2-16 至图 2-19）。

图 2-16　英国巴洛克风格的书柜兼写字台　　图 2-17　巴洛克风格的书柜内有大小不同的隐藏抽屉和隔板

图 2-18　意大利巴洛克风格的木刻鎏金台桌　　图 2-19　巴洛克风格的橡木贴面鎏金乌木抽屉

七、洛可可风格家具（公元 18 世纪初—公元 18 世纪中期）

洛可可风格家具在 18 世纪 30 年代逐渐取代了巴洛克风格家具，它是在巴洛克风格家具造型装饰的基础上发展起来的。它用优美、柔婉的回旋曲线，精细、纤巧的雕刻装饰取代了巴洛克风格家具造型装饰中的追求豪华、故作宏伟的成分，再配以色彩淡雅秀丽的织锦缎或刺绣包衬，不仅在视觉艺术上形成高贵瑰丽的感觉，而且在实用与装饰效果的配合上也达到空前完美的程度，充分做到了艺术与功能的完美体现。此外，圆角、斜棱和富于想象力的细线纹饰使得家具显得不笨重；各个部分摆脱了历来遵循的结构划分而结合成装饰生动的整体；呆板的栏杆柱式桌腿演变成了"牝鹿腿"；面板上镶嵌了镀金的铜件以及用不同颜色的上等木料加工而成的雕饰，如桃花心木、乌檀木和花梨木等。伴随着路易十五时代的终结，这种有史以来最华丽、最风行的家具风格才告以结束（见图 2-20 至图 2-24）。

图 2-20　英国乔治一世时期的书柜及书桌

图 2-21　乔治三世时期的鎏金镜　　图 2-22　美式洛可可风格的沙发，以及沙发靠背、腿部精美的植物图案的雕刻细节

图 2-23　齐宾代尔式椅子（一）

图 2-24　齐宾代尔式椅子（二）

八、新古典主义风格家具（公元 18 世纪晚期—公元 19 世纪）

　　新古典主义风格是经过改良后的古典主义风格。18 世纪后期欧洲的新古典主义运动是从反对巴洛克风格和洛可可风格的过度装饰而开始的，人们希望有简朴、有序、平静的生活。新古典主义家具的主要特点是放弃了洛可可式家具上过分矫饰的曲线和华丽的装饰，家具设计采用合理的结构和简洁的形式。家具结构的重点放在水平线和垂直线的处理上，强调结构的合理性。无论是圆腿还是方腿，都是上粗下细并且带有类似罗马柱的槽饰线，这样不仅减少了家具的用料，而且提高了腿部的强度，同时获得了一种明晰、轻巧的美感。

　　新古典主义风格的家具，在雕刻材料及饰面单板上多运用桃花芯木、椴木、染色槭木。作为一种装饰技艺，镶嵌木工工艺在这一时期也再度流行，其装饰的部位常与室内墙壁和天花板上拉毛粉饰的阿拉伯式图案相呼应，各种色泽的木材混合在一起产生一种优雅的效果，以与室内装饰的格调相匹配（见图 2-25 至图 2-32）。

图 2-25　英国新古典主义风格的桃花芯木家庭橱柜

图 2-26　英国早期新古典主义风格的椅子

图 2-27　George Hepplewhite 设计的盾形椅

图 2-28　Robert Adam 设计的台桌

图 2-29　Robert Adam 设计的扶手椅

图 2-30　Thomas Sheraton 设计的梳妆台

图 3-31　Thomas Sheraton 设计的桌子

图 2-32　法国路易十六时期，新古典主义风格的手扶椅（木质镀金）

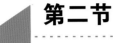

第二节
西方近现代家具历史

一、第二次世界大战以前的家具设计

1. 曲木家具

曲木家具的出现起源于 19 世纪后期的欧洲，是由奥地利家具制造商迈克·索耐特（Michael Thonet）利用蒸汽使木材高温变形的方法创造出来的一种全新现代家具。曲木家具的出现解决了机械化生产与手工艺设计之间的矛盾，并将现代家具推向社会。

1850 年索耐特设计了索耐特 1 号椅：维也纳曲木椅（Vienna bentwood chairs）。此椅被选送参加 1851 年在伦敦举行的第一届世界博览会，且被世博会授予铜牌，这是索耐特的设计第一次获得国际承认，也为索耐特椅子进入国际市场打开了大门。最著名的索耐特椅子是 1859 年设计、生产推出的索耐特 14 号椅：Thonet 14 曲木椅（见图 2-33 至图 2-35），这是专供咖啡馆用的椅子。这把椅子利用蒸汽曲木技术制作而成，所有零部件都可以拆装，方便运输及工业化生产，其造型优美、流畅、轻巧，被称为"椅子中的椅子"，因此一亮相即博得广泛赞誉，迅速流传开来，甚至出口到清末的中国。

索耐特曲木家具最大的特点是物美价廉，适合大批量生产。另外曲木椅便于运输，各构件之间易于拆装，从而使运输空间达到极小。曲木家具除使用天然材料外，薄板层压弯曲，模压成型材料、新工艺也广为应用。曲木家具同其他家具相比，具有结构简单、轻巧美观、线条流畅、曲折多变的特点（见图 2-36）。

图 2-33　Michael Thonet 设计的 Thonet 14 曲木椅

图 2-34　Thonet 14 曲木椅在清末出口到了中国

图 2-35　欧洲街头咖啡馆里的 Thonet 14 曲木椅　　　图 2-36　Michael Thonet 设计的精美的曲木扶手摇椅

2. 工艺美术运动时期的家具

家具设计是工艺美术运动影响最大的领域，它标志着家具从古典装饰走向工业设计的第一步。工艺美术运动时期的家具表面没有过多装饰，家具体量较大，并大量使用垂直和水平线条，家具造型方正结实，非常具有中世纪建筑朴实耐用的典型风范，很符合设计师们返朴归真的民主主义思想。

威廉·莫里斯（William Morris）是工艺美术运动的发起人和代表人物之一。他在家具设计中强调手工艺，明确反对机械化生产，反对矫揉造作的各种古典和传统的复兴风格，主张追求简单、朴实无华和良好功能（见图 2-37）。

除莫里斯外，工艺美术时期还出现了一大批优秀的家具设计师。如英国的查尔斯·沃塞（Charles F.A.Voysey），他设计的家具手法简约，注重整体，并充满浓郁的中古风情。他的椅子设计尤其著名，其背板上挖空的"心"形图像，不寻常的比例关系及空间感，使这些椅子不仅个性突出，而且有一种惊人的视觉冲击，使人们明显感到轻松而合理（见图 2-38）。又如美国设计师古斯塔夫·斯提格利（Gustav Stickley），他坚持手工制作家具，主要使用橡木，线条简单，没有复杂的雕花图腾。其设计的家具十分坚固耐用、比例匀称且工艺上乘（见图 2-39）。

图 2-37　莫里斯家具设计作品

图 2-38　查尔斯·沃塞设计的家具

图 2-39　古斯塔夫·斯提格利的家具

3. 新艺术运动时期的家具

新艺术运动是 19 世纪末 20 世纪初在欧洲和美国产生并发展的一次影响面相当大的装饰艺术的运动，是一次内容广泛的、设计上的形式主义运动。新艺术运动时期的家具陈设均采用以曲线为主体的自由艺术式样，以别于传统式样，其曲线大多为细长而卷起的蔓草模样或花卉、鸟兽似的形态，再配以华丽的色彩，采取生动优美的浪漫的线条的表现手法塑造出一个全新的造型风格，也使新艺术运动所制作的各类家具陈设有着重装饰趣味的倾向。

新艺术运动时期的主要代表人物有法国的埃克多·基马和比利时的亨利·凡·德·威尔德等。他们的作品虽然有些过于浪漫，而且因不适于工业化生产的要求最终被淘汰，但他们使人们懂得设计应当从对古典的模仿中解放出来。此外，西班牙的安东尼·高迪（其作品见图 2-40 和图 2-41）和英国的设计师查尔斯·伦尼·麦金托什也是新艺术运动时期的代表人物。建筑师高迪运用新艺术运动的有机形态、曲线风格设计的椅子具有与众不同的造型特征，很符合现代的设计思想。而麦金拖什作为一个全面的杰出设计家，其早期作品还可看出些许新艺术运动广泛风格特征的那种富有表现力的曲线造型细节，而其后期的作品则趋向了纯粹几何造型的设计，造型简洁，线条流畅，连绵重复的竖线条成为他作品之中最具个性的形态特征（见图 2-42 至图 2-46）。

图 2-40　高迪设计的椅子

图 2-41　高迪设计的沙发

图 2-42　麦金托什设计的弧形靠背椅

图 2-43　麦金托什设计的桌子

图 2-44　麦金托什设计的高直式座椅　　　图 2-45　麦金托什设计的格子靠背椅　　　图 2-46　麦金托什设计的高靠背椅

4. 德意志制造联盟时期的家具

　　德国在 20 世纪之初曾产生过与新艺术运动相似的一场运动，叫"青春风格"运动。1907 年，"青春风格"的部分人分离出来，在穆特修斯、彼得·贝伦斯等人的倡导下组建了德意志制造联盟。德意志制造联盟是德国第一个设计组织，是德国现代主义设计的基石。它在理论与实践上都为 20 世纪 20 年代欧洲现代主义设计运动的兴起和发展奠定了基础。德意志制造联盟在其宗旨中明确提出了艺术、工业和手工业的结合，特别是主张标准化和批量化的机器大生产。该联盟明确了机器制造的地位，对家具设计产生最大影响的是来自生产方式上的变革。1906 年，德意志制造联盟生产了第一件完全机器制造的家具，在家具史上具有划时代的意义。

　　彼得·贝伦斯，德国现代主义设计的重要奠基人之一，著名建筑师，工业产品设计的先驱，德意志制造联盟的首席建筑师彼得·贝伦斯是德意志制造联盟最著名的设计师，被誉为"第一位现代艺术设计师"，其作品如图 2-47 所示。理查德·雷曼施米特是贝伦斯的多年好友，他在家具设计方面有着非常重要的贡献。他的第一件由机器制作的家具在德累斯顿产生并随即在当地的德意志制造联盟的展览会上展出，影响非常大，由此奠定他当时作为德国现代家具设计的领头羊地位。雷曼施米特的家具设计结构简洁，构思精巧，同时又非常重视使用功能。他最主要的成就是设计了能用机器制作的高质量而廉价的家具（见图 2-48）。

图 2-47　彼得·贝伦斯设计的手扶椅　　　　　图 2-48　理查德·雷曼施米特设计的椅子

二、第二次世界大战之前的现代家具设计

1. 荷兰风格派家具设计

荷兰风格派是 20 世纪初期在法国产生的立体派艺术的分支和变种。荷兰风格派接受了立体主义的新论点，主张采用纯净的立方体、几何形，以及呈一定角度的平面和垂直面来塑造形象，色彩选用红、黄、蓝等几种原色。荷兰风格派产品设计中的重要的人物是家具建筑设计师里特维尔德。1917 年，他设计了一张 "绝对没有妥协" 的几何形椅子，称为红蓝椅（见图 2-49），此椅成为现代主义设计运动的经典作品。他设计的 Z 形椅（见图 2-50）也是荷兰风格派家具的精品。

图 2-49　里特维尔德设计的红蓝椅　　　　图 2-50　里特维尔德设计的 Z 形椅

2. 包豪斯学院家具设计

包豪斯（Bauhaus）是德国一所建筑设计学院的简称。它的前身是大公爵萨克森美术学校的魏玛工艺学校，由瓦尔特·格罗皮乌斯（Walter Gropius）于 1919 年改组后成立。该校创造了一整套新的 "以新技术来经济地解决新功能" 的教学和创作方法。包豪斯运动的宗旨是以探求工业技术与艺术的结合为理想目标，主张家具不仅应满足人们在形式上、情感上的需求，同时必须具有现实的功能。包豪斯运动不仅在理论上为现代设计思想奠定了基础，同时在实践运动中生产了大量现代产品，更重要的是培养了大量具有现代设计思想的著名设计师，为推动现代设计做出了不可磨灭的贡献。如 Marcel Breuer 设计的 wassily chair（见图 2-51），Harry Bertoia 设计的钢管构造椅（见图 2-52 和图 2-53），Charles 和 Ray Eames 设计的胶合板层压结构休闲椅（见图 2-54），Gabriele Mucchi 设计的钢管椅子（见图 2-55）等。

图 2-51　wassily chair（设计灵感　　图 2-52　Harry Bertoia 设计的钢管构　　图 2-53　Harry Bertoia 设计的钢管构造椅
　　　　　来自设计师的脚踏车）　　　　　　　　造椅（配海绵坐垫或皮坐垫）　　　　　　　　在当代空间设计中的运用

图 2-54 Charles 和 Ray Eames 设计的胶合板层压结构休闲椅

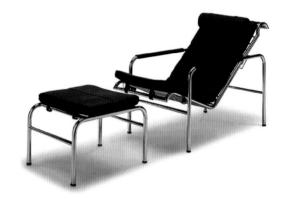

图 2-55 Gabriele Mucchi 设计的钢管椅子

　　勒·柯布西埃（Le Corbusier）是 20 世纪最多才多艺的大师，他对现代主义最大的贡献是在现代美学上，崇尚机器美学，不仅在理论上加以了总结，而且在设计上将它推向了高峰。由于他认为"住房是居住的机器"，因而他把家具视作设备，即"生活机器的部分"，并将它减少到三个范畴——椅子、桌子和开放或封闭的架子。在柯布西埃的家具设计中，纯洁而简化的机器美学思想表露无遗，也贯穿了许多现代主义设计理念。如图 2-56 所示，他设计的躺椅（chaise tongue）体现了室内不堆砌、精练简洁的现代设计观念。他设计的大安逸（grand comfort）椅，采用了立体式紧压设计，典型体现了追求家具设计以人为本的现代主义倾向，同时，简化与暴露结构最直接表现了现代主义设计的做法（见图 2-57 和 2-58）。

图 2-56 勒·柯布西埃设计的钢管躺椅

图 2-57 勒·柯布西埃设计的大安逸椅

图 2-58 勒·柯布西埃设计的钢管躺椅及大安逸椅在当代室内设计中的运用

密斯·凡·德·罗（Ludwig Mies Van der Rohe）是包豪斯的第三任校长，尽管他是一位建筑师，但其在家具设计方面的创建意识和设计活动使得他在家具上的成就不亚于建筑方面的。密斯在1928年提出的"少就是多"的名言，被称为现代主义的格言。他于1929年设计的巴塞罗那椅（见图2-59）被视为现代家具设计的经典之作。他也擅长于钢管椅设计，于1927年设计了著名的魏森霍夫椅。在密斯的家具设计中，精美的比例、精心推敲的细部工艺、材料的纯净与完整、对结构的忠实以及设计观念的直截了当，典型地体现了简洁与流畅的现代主义设计的观念。

图2-59　密斯设计的巴塞罗那椅

三、第二次世界大战后的现代家具设计

第二次世界大战之后，欧洲的主要任务是重建城市、恢复经济。家具工业停滞不前，加上第二次世界大战期间大批设计师移居美国，使得美国的现代家具的发展走在欧洲的前列，出现了以查尔斯·伊姆斯（Charles Eames）、埃利尔·沙里宁（Eliel Saarinen）等人为代表的美国战后设计学派。

1. 美国现代家具

在第二次世界大战期间，美国人已悄然开始了对新时代家具及材料的研究和设计工作。第二次世界大战之后，一大批为逃离战争而来的欧洲包豪斯的建筑师和设计师在美国找到了实现自己的理想和抱负的广阔天地。美国现代家具在20世纪50年代迅速崛起并引领世界家具设计潮流。同时随着美国工业尤其是航空工业、塑料和有机化学工业的迅速发展，家具可以使用的材料有了进一步的扩展，在新材料的发掘和应用上出现了一场革命性的改变。

芬兰建筑师埃利尔·沙里宁于1923年移居美国，并于1940年创办了克兰布鲁克艺术学院。克兰布鲁克艺术学院是培养美国现代家具设计人才的摇篮，美国现代家具设计大师中查尔斯·伊姆斯和蕾·伊姆斯、埃利尔·沙里宁、哈里·贝尔托亚等都曾经学习、工作于克兰布鲁克艺术学院。与包豪斯不同的是，克兰布鲁克艺术学院回避了现代主义的某些教条，鼓励学科间自由交流，将北欧功能主义设计风格与现代主义风格有机地结合在一起，并在现代工业产品和家具设计教育方面有了重大突破。克兰布鲁克艺术学院进一步发展了包豪斯的现代设计教育思想，完善了设计与技术相结合的教育、生产与研究一体化教学机制。埃利尔·沙里宁设计了很多线条简单而且实用的家具（见图2-60和图2-61）。

查尔斯·伊姆斯和蕾·伊姆斯数项重要的椅子设计引发了家具观念的变革，为家具设计和生产开拓了崭新的模式。他们运用在第二次世界大战期间发展的胶合板成型技术，生产出了成本低廉、舒适感强、具有有机形态的椅子，并且大量投入生产。他们在胶合板方面的成功，也激励他们尝试研究其他材料在家具设计中的应用，如玻璃钢椅身、曲面金属网焊接椅以及其他一些铝制椅。他们提出：成功的设计就是要满足客户、社会和设计师的综合需求。查尔斯·伊姆斯的作品如图2-62和2-63所示。

埃罗·沙里宁（Eero Saarinen）又称"小沙里宁"，他特别强调家具设计与室内设计的整体和谐，把家具和室内装潢当作建筑设计的一部分，并认为建筑和工业设计都能通过造型表现一种精神，具有隐喻的内涵。他最著名的设计是子宫椅（womb chair），也叫"胎椅"（见图 2-64），这种椅子直至现在还在美国及世界各国广泛使用，受其影响而派生出来的椅子更是不计其数。这种椅子是用玻璃纤维模压而成，上面再加上软性的材料，样式大方，利于大规模工业生产。此外，埃罗·沙里宁设计的郁金香椅子（tulip sidechair，见图 2-65 和图 2-66）在西方也十分流行。

在著名家具设计品牌公司方面有诺尔公司和米勒公司。诺尔公司地处美国东海岸，米勒公司位于美国西海岸。这两个公司一东一西双足鼎立扮演了美国第二次世界大战后现代家具设计学派的重要角色，并且一直持续发展到今天仍然是世界现代家具业中领导潮流的著名品牌公司。米勒公司制造的聚酯纤维或玻璃纤维材质的堆叠椅（stacking chair）至今仍受到大众的欢迎（见图 2-67 和图 2-68）。

图 2-60　Eliel Saarinen 设计的书桌

图 2-61　Eliel Saarinen 设计的五斗橱

图 2-62　Charles Eames 设计的模压壳体椅

图 2-63　Charles Eames 设计的椅子

图 2-64　Eero Saarinen 设计的胎椅

图 2-65　Eero Saarinen 设计的郁金香椅

图 2-66　当代家具展示空间中的郁金香椅和餐桌

图 2-67　堆叠椅的背面

图 2-68　堆叠椅在当代办公空间中的运用

2. 意大利现代家具

在世界家具设计的舞台上，意大利家具于 20 世纪 50 年代异军突起，与斯堪的纳维亚家具平分秋色。进入 20 世纪 80 年代，意大利家具更是一直处于设计中心的统治地位，成为其他国家争相追赶的目标。如果说斯堪的纳维亚家具是以自然质朴见长，那么意大利家具则以其新奇大胆、充满想象力和现代感而独树一帜。

意大利家具的一个重要特点是它的"流线"，人们将其称为"意大利线条"。其灵感最初来源于海岸线、飞机的流线型，进而扩展到城市与信息时代人类的生活方式。

正因为如此，地中海文明造就了一批享誉全球的意大利设计师和设计团体，如埃托尔·索特萨斯和他的曼菲斯设计组织等。与此同时，也诞生了不少世界级顶级品牌的家具制造公司，如卡西纳公司、克诺尔集团、B&B Italia 公司、贝尔尼尼公司、扎诺塔公司等。

被列为后现代主义代表作品的是曼菲斯设计组织的设计，它将色彩和图形作为设计的中心图案，研究层压板作为饰面的作用，此饰面构成了曼菲斯设计组织历史性产品的强烈特征。这个集团的先驱索特萨斯认为他的作品永远与游戏和玩耍相联系，并探索家庭生活和空间的新方法，他将色彩视为与严谨的理性相对的活力和生命的象征。

吉奥·庞蒂（Gio Ponti），他不仅是杰出的建筑师、设计师，而且还是教师和作家。他吸收了北欧家具的精华，为创立现代意大利设计风格，使意大利进入世界一流家具设计大国起到了先驱者作用。他于 1928 年创办的《多姆斯》（《Domus》）杂志是世界上迄今为止最好的专业设计杂志之一，为培养现代设计人才和传播现代设计思想起到了重要作用。庞蒂的设计是追求真正的形式美，并把功能与形式的美结合在一起，在造型上偏重于有动感的线条和不对称的形体，形成一种独特的体现人类情感的造型形式和哲理精神（见图 2-69 和图 2-70）。

图 2-69　Gio Ponti 设计的矮桌　　　　　　图 2-70　Gio Ponti 设计的矮桌细部

3. 德国现代家具

德国现代家具一贯以款式简洁、功能实用和制作精良为特色，比较强调家具材料本身的质感和色彩，所以素有"理性生家具"之称。简练的造型和单纯的色调，使德国家具在一流工业品质制造技术的支持下以精密五金配件和简洁线条的造型而闻名于全世界。

德国在现代家具方面的一个重大贡献就是系统家具的设计与制造。系统化与标准化是工业化大生产中的一个重要方面，贯穿其中的是标准化部件不需要或仅需少许调整组合即可以把不同的产品装配在一起。系统化与标准化的优势是显而易见的：它提高了效率、产量，使制造商得以有效地"克隆"产品从而提高产品的质量控制水平。赫斯塔公司就是德国著名的系统家具制造商，它于 1971 年设计的"漂亮的年轻人"（bonny youths）系列在市场上畅销 10 多年。

4. 日本现代家具

自明治维新开始，日本建筑装饰和家具界一直紧随欧洲潮流，得到了长足稳定的发展。第二次世界大战结束后，日本家具又受到美国、意大利等世界各先进国家的广泛影响，大和民族以其一贯的"拿来主义"和独特的再创造力对其他国家和地区家具生产的先进经验和技术实行兼收并蓄，并不断创新，逐渐发展成为一种"和魂洋才"的现代日本家具设计风格（见图 2-71 和图 2-72）。

第二次世界大战之后，日本的室内与家具设计观念从早些年对外国产品样式风格的模仿，至 20 世纪七八十年代的设计正往一种更为整合的技术研究、生产过程，以及一种日益成为市场开发基本要素的道路上演进，从原来的单体家具向系统家具方向发展。自 20 世纪 70 年代开始，有计划地积极推进装配式住宅设计，开发出住宅单元、储藏单元、厨房单元、浴室单元等系统家具。进入 20 世纪 80 年代，日本厨房家具设计日趋成熟，与日本家电的设计和制造形成了一个整体，现代厨房家具系统已经变成日本"家庭的轴心"。

日本现代家具特色鲜明、风格独特，它是传统与现代的融合、科技与设计的结合，在当今国际家具界占有重要的地位。同时，日本家具界也出现了一批设计大师，如柳宗理、川上元美、喜多俊之、司朗仓松等（喜多俊之的作品见图 2-73 和图 2-74)，为日本家具走向世界做出了杰出的贡献。

图 2-71 日本室内家具设计　　　　　　　图 2-72 日本家具细节

图 2-73 喜多俊之设计的 wink 椅　　　　　图 2-74 喜多俊之设计的 TOK 椅

5. 北欧现代家具

所谓北欧设计学派主要是指欧洲北部四国挪威、丹麦、瑞典、芬兰的室内与家具设计风格。纯粹、洗练、朴实的北欧现代设计，其基本精神就是"讲求功能性，设计以人为本"。

北欧现代设计风格起步于 20 世纪初期，形成于第二次世界大战期间，一直发展到今天，是世界上最具影响力的设计风格流派之一。北欧学派有三个主角在不同的发展时期分别充当旗舰：瑞典在 20 世纪三四十年代势头最为显著；丹麦在 20 世纪 60 年代势头最劲；而芬兰自 21 世纪崭露头角，实际上芬兰在每个时代都有独特的贡献，只是在 20 世纪 60 年代以后处在前卫的领导地位。

1）丹麦现代家具的发展

丹麦自古以实用设计闻名，早先曾以瓷器及银器著称，后来以现代家具设计称雄于世，至今仍是北欧学派的主流之一。丹麦的实用设计根植于优美质感和纯熟制作技艺的基础上，大部分的北欧设计家都认为成熟的造型就是最完美的造型，追求将材料特性发挥到最大限度。

凯尔·柯林特（Kaare Klint）是丹麦现代家具设计的大师和奠基人。他从人体功效学、人的心理、家具的功能这三方面对家具进行研究。他在设计上强调木材的质感，以保持天然美作为一种追求。他认为"将材料的特性发挥到最大限度，是任何完美设计的第一原则"。这也是斯堪的纳维亚风格的重要特点。

芬·居尔（Finn Juhl）是丹麦学派中一位风格独特的人物，是一个能把手工艺与现代艺术巧妙结合的设计者之一，芬·居尔的作品被称为优雅的艺术创造。除了设计的优雅，更具有细腻的工艺表现（见图 2-75）。芬·居尔的另一个代表作酋长椅（chieftain chair），像是把漂浮的真皮椅垫与扶手精雕细琢在原木上头，不偏不倚美丽地将座椅框住，形成一种精准到极致的平衡感与美学（见图 2-76）。

图 2-75　Finn Juhl 设计的鹈鹕椅　　　　图 2-76　Finn Juhl 设计的酋长椅

阿诺·雅克比松（Arne Jacobsen）是最早将现代设计观念引入丹麦的建筑师，也是使丹麦家具走向世界的国际家具设计大师。他设计的家具多使用现代材料和现代成形工艺，但造型更趋于有机形态。例如，他设计的蚁形椅，又称作"蚁椅"，就是丹麦第一件能完全用工业化方式批量制作的家具，它只有两部分，构造极为经济，使用了最少的材料（见图 2-77）。此外他设计的蛋形椅、天鹅椅也是北欧家具的经典之作（见图 2-78 至图 2-80）。

图 2-77　Arne Jacobsen 设计的蚁形椅　　　　图 2-78　Arne Jacobsen 设计的蛋形椅

图 2-79　现代空间中放置蛋形椅具有雕塑感　　　　图 2-80　现代家具展示空间中的天鹅椅

　　汉斯·韦格纳（Hans J.Wegner）是使丹麦家具走向成熟的代表人物。他在材料运用、加工手段、结构造型方面堪称一流高手。其作品连获金奖并被 7 个国家的博物馆收藏。他的家具设计作品中很少有生硬的棱角，转脚处一般都处理成圆滑的曲线形式，给人以亲近感。此外，他对中国明清家具极为欣赏，并以此为原型，设计出不少新的椅子造型（见图 2-81 和图 2-82）。

图2-81　Hans J.Wegner设计的"中国椅"　　　　图2-82　Hans J.Wegner 设计的孔雀椅

　　2）芬兰现代家具的发展

　　"千湖之国"芬兰，是东西方的交汇处，是欧盟的北方之星，每年有不少的国际设计展和会议在这里举行。长久的冬季和夏季，使人们深刻懂得空间设计的重要性，把家庭环境看得尤其重要，从而促进了高雅、精致的家具作品的产生。

　　芬兰家具注重功能，追求理性，但又造型简洁、少装饰、做工精致，倾向于采用自然材料，设计师从大自然中吸取灵感。

　　芬兰现代建筑和家具大师阿尔瓦·阿尔托（Alvar Aalto），其设计以低成本和精良著称，利用薄而坚硬但又可以热弯成型的胶合板生产轻巧、舒适和紧凑的现代家具。1930 年，他公开在全国设计展中展示了他设计的堆叠座椅和可折叠沙发床等。他把家具看成是"建筑的附件"，对木材的各种模压技术进行试验。他设计的椅子线条流畅，多用自然木材制作（见图 2-83 至图 2-85）。

图 2-83　Alvar Aalto 设计的凳子

图2-84　Alvar Aalto设计的31号
压层胶合板椅

图 2-85　Alvar Aalto 设计的椅子在
现代家居空间中的运用

　　艾洛·阿尼奥（Eero Aarnio）是在家具设计中使用塑料的先驱者之一，他高度艺术化的塑料家具作品，及时地体现了时代的气息，是 20 世纪现代家具设计史上不可或缺的珍品。1963 年，他设计了球椅（ball chair），通过使用一个最简单的几何形体——球体，去掉球体的一部分，然后再将它固定在一点上而成（见图 2-86）。这是一件伟大的作品，它标志着在家具设计的历史上，20 世纪最著名的椅子的诞生。艾洛·阿尼奥其他代表作品还包括糖果椅、小马椅（pony chair）和极富未来感的泡泡椅（bubble chair），如图 2-87 至图 2-89 所示。

图 2-86　Eero Aarnio 设计的球椅

图 2-87　Eero Aarnio 设计的糖果椅

图 2-88　Eero Aarnio 设计的 pony chair

图 2-89　Eero Aarnio 设计的泡泡椅

3）瑞典现代家具的发展

瑞典的家具设计简约时尚，设计风格独树一帜。瑞典设计师对家具材质的要求特别严格，同时在生产过程中严格把守每一关，以求能做出毫无瑕疵的家具。瑞典家具在设计上不仅重视产品在设计形式上所给人的那种视觉美感，还注重产品给人在心灵上带来的抚慰和安慰功能，瑞典设计强调产品的设计意蕴要含而不露，以期使功能主义和形式完美统一。瑞典家具设计虽看似简单却内涵丰富，纯朴而又不失时尚。瑞典家具设计具有很深的精神文化内涵，并不是一味地追求简约的造型，它同时还采用很多新技术、新材料。瑞典人对民主平等的渴望、对大众化审美的追求及对家的尊重和依恋，这些因素使瑞典的家具显得简约时尚，而又不失创意，充分展现出了瑞典人那种独有的冷静的人文气质，也体现了瑞典"以淡为美"的设计精神。

卡尔·马尔姆斯滕（Carl Malmsten）被称为"瑞典现代家具之父"，终身致力于手工艺及民间艺术的开发和研究，他极力倡导在瑞典成立手工艺及民间艺术学院，为艺术家和工匠的结合提供一种创作气氛。在他的影响下，瑞典形成了注重造型和精湛做工的家具设计路线。卡尔·马尔姆斯腾的作品如图 2-90 和图 2-91 所示。

图 2-90　卡尔·马尔姆斯滕设计的椅子　　　　图 2-91　卡尔·马尔姆斯滕设计的手扶椅子

布鲁诺·马森（Bruno Mathsson）出身于木工世家，从未受过正规教育，但他聪敏好学，自 16 岁开始学习家具制作技术，经过十年不懈的努力，成为本领超绝的技师。他受国际式和功能主义的影响，从研究人体结构、姿势与家具的关系着手，全身心投入到椅子的设计中去。他利用胶合弯曲技术设计的外形柔美、坐着舒适的椅子，成为瑞典乃至北欧家具的经典。他的设计原则是技术的开发与形式相结合，遵循功能主义的设计原理。从 1968年起，他设计了许多金属家具，20 世纪 80 年代又在铝合金、塑料等材料方面进行了新的探索。其作品如图 2-92 和图 2-93 所示。

图 2-92　布鲁诺·马森设计的 EVA 休闲手扶椅　　　　图 2-93　布鲁诺·马森设计的 EVA 休闲躺椅

艺术家兼设计师的乔纳森·博赫林（Jonas Bohlin）在 1981 年用混凝土设计制作了一张椅子，震惊了瑞典的设计公司。这种椅子由一根钢管和混凝土结构组成，与其说那是一件可用的家具产品，倒不如说是一件艺术品（见图 2-94）。混凝土椅子的产生与博赫林早期的桥梁工程师身份是有必然的联系的，这把椅子与北欧"好的设计"原则是截然相反的，是瑞典后现代主义的象征。在整个 20 世纪 80 年代，博赫林这些独特的设计（见图 2-95）都得到了广泛的宣传，并使博赫林成为最前卫的设计师之一。

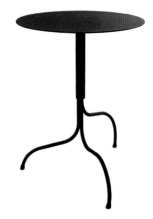

图 2-94　乔纳森·博赫林设计的混凝土椅　　　图 2-95　乔纳森·博赫林设计的 LIV 桌

4）挪威现代家具的发展

挪威家具的个性犹如挪威的山峦与神秘的峡湾，处处渗透出厚重与质朴，富有浓郁的北欧气质。挪威家具设计别具匠心，富有独创。它在成型合板及金属运用上，常常给人以意想不到的独特效果，并起到强化风格的作用。

挪威的家具风格大致分两类：一类设计以出口为目的，在材质选用及工艺设计上均十分讲究，品质典雅高贵，为家具中的上乘之作；另一类则崇尚自然、质朴，具有北欧乡间的浓郁气息，极具民间艺术风格。

都比扬·阿尔代尔（Torbjorn Afdal）作为 Bruksho 公司的首席设计师为该公司效力多年。他设计的家具产品在 20 多个国家生产、销售。阿尔代夫是一位谦逊的、实事求是的设计师，木材是他的创作媒介体，他的作品中体现了一种对木制家具结构的理性化的情感追求（见图 2-96 和图 2-97）。

图 2-96　阿尔代尔设计的猎人椅（hunter chair）　　图 2-97　阿尔代尔设计的克罗博长凳（Krobo bench）

挪威著名设计师彼德·奥普斯维克（Peter Opsvik）的设计哲学是"积极地坐"。他将人体工学理论引入座椅设计中，让椅子在提供基本的坐的功能之外，给使用者更舒适的体验。他的经典作品"陷阱之旅"（Tripp Trapp）椅子，看起来就像是一把梯子，可调节的坐板高度能让 8 个月的婴儿到 18 岁的青少年都可舒适地坐着（见图 2-98）。奥普斯维克另一件著名作品是多变平衡（balans variable）凳，它的特别之处在于革命性地改变了"坐"的方式，此凳以双膝着力的跪坐方式使用，没有靠背（见图 2-99）。

图 2-98　奥普斯维克设计的"陷阱之旅"椅子　　　　图 2-99　奥普斯维克设计的多变平衡凳

北欧四国，工业高度发达，家具设计及制作工艺仍保持向上发展的势头，它们在开发新材料、新工艺方面也在不懈努力，不断推出新的设计。积极进取的精神使北欧国家不断有精美的家具涌现，并为全世界所钟爱，成为经久不衰的畅销品，而北欧国家也因此成为世界上家具出口最多的地区。众所周知的宜家家居（IKEA）是全世界最大的家居零售商场，它主要经营北欧家具，并深受年轻人的喜爱。

第三节
中国古代家具历史

中国古代家具的发展源远流长，具有浓郁的民族风格。无论是商周家具、秦汉家具、隋唐家具、宋元家具，还是精美的明式家具、雍容华贵的清式家具，都以其富有美感的永恒魅力吸引着人们。中国古代传统家具发展走着与西方家具完全不同的发展道路，形成了工艺精湛、耐人寻味的东方家具风格，在世界家具发展史上独树一帜，具有鲜明的东方艺术特色。

我国的起居方式，从古至今一般可分为"席地坐"和"垂足坐"两大时期，因此中式家具也围绕着这些生活习惯而展开。

一、中国商周时代的家具

从旧石器时代的居无定所，到新石器时代的日出而作，我们的先民终于能够基本定居下来。但当时的居住条件极其简陋，由于房屋的低矮和狭小，诞生了传统的席地坐卧的起居方式，且延续了数千年。当木构建筑出现，人类脱离原始的穴居生活后，家具随之得到新发展。夏、商、周三代，中国演绎了奴隶制社会和灿烂辉煌的青铜文化。从商、周两代的青铜器中，可以看到像几、俎、禁这样的青铜礼器成为后世家具几、案、桌、箱、橱的母体形象。商、周时的家具，其造型与装饰无不体现了强大的奴隶制国家的神权、族权和政权统一的特点，以及等级分明的宗法制度。兽面纹的凶猛、威严，几何纹的规整、秩序，以及造型的雄壮、敦实，都显示了当时强悍与神秘的时代特点。此外，夏、商、周时期已经出现了木构件的榫卯结构。

俎（见图 2-100）是古时的一种礼器，是供祭祀时"切牲"和"陈牲"之用具。俎的历史最悠久，对后世家具的影响最深。据文献记载，在传说的远古部落有虞氏时代便有了俎。俎为后世的桌、案、几、椅、凳等家具奠定了造型发展基础，可谓桌案类家具之始祖。河南安阳出土的雕刻有饕餮纹样的四足石俎是古代流传的早期家具遗存（见图2-101）。商代饕餮蝉纹俎如图2-102所示。

禁也是一种礼器，它是祭祀时放置供品和器具的台子。宝鸡商墓出土的青铜禁（见图2-103）成长方体，似箱形，前后各有八个长孔，左右各有两个长孔，四周饰以夔纹、蝉纹。此器可以看出箱柜的原始形态。另外，在河南殷墟出土的商代晚期妇好三联甗（见图2-104），是由一件长方形甗架和三件大甑组成。甗架形似禁，面部有三个高起的喇叭状圈口，可放置三件大甑，这件器具好似今天的餐具陈放架。

图2-100 《三礼图》中的房俎

图2-101 河南安阳出土的四足石俎

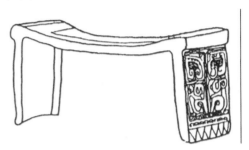

图2-102 商代饕餮蝉纹俎

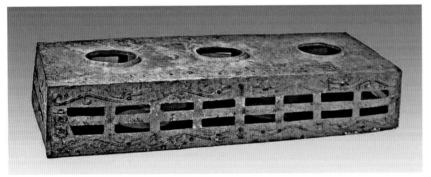

图2-103 宝鸡商墓出土的青铜禁

图2-104 河南殷墟出土的商代晚期妇好三联甗

二、中国春秋战国时期家具

春秋战国时期是我国古代历史上的大变革时期，铁器工具的产生，漆工艺的广泛应用以及技术高超的名工巧匠的不断出现，使得家具在制作水平和使用要求上都达到了空前的高度。当时的竹席、床、几、案、屏风、箱等低矮型漆木家具色彩艳丽，以黑色为底，配以红、黄等颜色，装饰以浮雕的四方连续图案为主，简单朴素而不失华美（见图2-105和图2-106）。春秋战国时期的木工工具也有了很大的变革，使家具制作有了质的飞跃。制造器具的使用和各个工种的分化，产生了规、矩、悬、水平、绳索等测量器，燕尾榫、凸凹榫也在这个时期开始出现。

信阳楚墓出土的六足漆绘围栏大木床（见图2-107），在足与框架、足与案面、屉板木梁与边框、围栏矮柱与床框之间的连接采用了十字搭接榫、闭口贯通榫、闭口不贯通榫等，是我国发现的最早的床的实物。此外，楚墓出土的栅足雕花云纹漆几（见图2-108）也是战国低矮型漆木家具的代表。

青铜家具的制作在商周时期较为突出，家具制造中也运用了一种较为成熟的冶炼技术，称为失蜡法。以失蜡法铸造的器物可以玲珑剔透，有镂空的效果。例如，湖北随州曾侯乙墓出土的青铜尊、盘，是我国目前所知最早的失蜡铸件。

河南淅川下寺二号楚墓出土的春秋时代的铜禁（见图2-109）是迄今所知的最早的失蜡法铸件家具。此铜禁四边及侧面均饰有透雕云纹，四周有十二个立雕伏兽，体下共有十个立雕状的兽足，此铜禁上的透雕纹饰繁复多变，外形华丽庄重，反映出春秋中期我国的失蜡法已经比较成熟。卓越的铸造工艺，使青铜家具的造型艺术达到了登峰造极的水平。

图 2-105 战国的黑漆红纹漆衣箱

图 2-106 战国的错金银青铜龙凤案

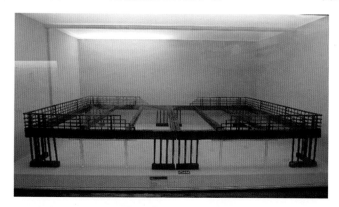

图 2-107 战国的大木床

图 2-108 战国的漆几

图 2-109 河南淅川下寺出土的春秋时期的铜禁

三、中国秦汉、三国时期的家具

秦汉时期，家具的类型又在春秋、战国的基础上发展到床、榻、几、案、屏风、柜、箱和衣架等。但由于席地而坐的习俗，几、案、衣架，以及供睡眠用的床、榻都很矮；案到汉代多设于床前或榻的侧面，案面逐渐加宽加长；屏风呈两面或三面形，置于床的后边和侧边。装饰纹样增加了三角形、菱形、波形等几何纹样，以及绳纹、齿纹、植物纹样（见图 2-110）。汉代家具在继承先秦漆饰优秀传统的同时，彩绘和铜饰工艺等手法日新月异，家具色彩富丽，花纹图案富有流动感，气势恢宏，这些装饰使得汉代家具的时代精神格外鲜明强烈（见图 2-111）。

不同材质的案在汉代是不同等级的象征，皇帝用玉案，公侯用木案或竹案。案置于床前，在生活、起居中起着重要作用。案的作用相当大，上至天子，下至百姓，都用案作为饮食用桌，也用来放置竹简，或用来伏案写作。

随着与西域各国的频繁交流，各国间相对隔绝的状态被打破了。胡床在这个时期传入我国。胡床（见图2-112）是一种形如马扎的坐具，后被发展成可折叠马扎、交椅等，更为重要的是，其为后来人们的"垂足坐"奠定了基础。

图 2-110　汉代彩漆木质屏风上的植物纹样

图 2-111　彩绘漆工艺

图 2-112　汉代胡床

四、中国魏晋、南北朝时期的家具

魏晋南北朝是中国历史上的一次民族大融合时期，各民族之间文化、经济的交流对家具的发展起到了促进作用。此时新出现的家具主要有扶手椅、束腰圆凳、方凳、圆案、长杌、橱，以及笥、簏（箱）等竹藤家具（见图2-113）。床已明显增高，并加了许可床顶、床帐和可拆卸的可折可叠的围屏。坐类家具品种的增加，反映"垂足坐"已渐推广，促进了家具向高型形态发展。此外，受佛教的影响，在家具上出现了与佛教有关的装饰纹样，如墩上的莲花瓣装饰等（见图2-114），反映了魏晋时代的社会风尚。

图 2-113　云冈石窟西壁龛内两思维菩萨坐于束腰圆凳之上

图 2-114　北魏莲花墩造型

五、中国隋、唐、五代时期的家具

中国家具发展至唐代进入了一个崭新的时期。唐代的家具所用的材料已非常广泛，有紫檀木、黄杨木、沉香木、花梨木、樟木、桑木、桐木、柿木等，此外还应用了竹藤等材料。唐代家具造型已达到简明、朴素大方的境地，在装饰工艺上兴起了追求高贵和华丽的风气，如桌椅构件有的做成圆形，线条也趋于柔和流畅，为后来各种家具类型的形成奠定了基础。唐代家具的装饰方法多种多样，有金银绘、木画等工艺。从晚唐的《唐人宫乐图》中可以看出月牙凳凳面略有弧度，非常符合人体工学的要求，它是具有代表性的唐代家具（见图2-115）。另外，从周昉的《内人双陆图卷》中也可以发现同样的月牙凳及唐代棋桌的样式（见图2-116）。

至五代时，家具造型崇尚简洁无华、朴实大方。这种朴素内在美取代了唐代家具刻意追求繁缛修饰的倾向，为宋式家具风格的形成树立了典范。五代时期床榻、桌案形式有大有小，形态多样，在大型宴会场合再现了多人列坐的长桌长凳。此外还有柜、箱、座屏、可折叠的围屏等。五代画家顾宏中的《韩熙载夜宴图》中就充分展现了这些家具的造型（见图2-117和图2-118）。

图2-115 《唐人宫乐图》中的桌子及月牙凳

图2-116 《内人双陆图卷》中的唐代家具

图2-117 《韩熙载夜宴图》中的床榻、座椅、几凳和屏风

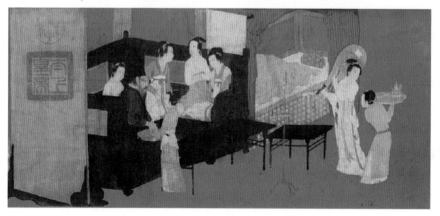

图2-118 《韩熙载夜宴图》中的床榻、座椅

六、中国两宋、元代时期的家具

宋代是中国家具承前启后的重要发展时期。一是"垂足坐"的椅、凳等高脚坐具已普及民间，结束了几千年来席地而坐的习俗；二是家具结构确立了以框架结构为基本形式；三是家具在室内的布置有了一定的格局。宋代家具正是在继承和探索中逐渐形成了自己的风格。

宋代家具以造型淳朴纤秀、结构合理精细为主要特征。在结构上，壸门结构已被框架结构所代替；家具腿型断面多呈圆形或方形；构件之间大量采用割角榫、闭口不贯通榫等榫结合；柜、桌等较大的平面构件，常采用"攒边"的做法，即将薄心板贯以穿带嵌入四边边框中，四角用割角榫攒起来，不但可控制木材的收缩，还可起到装饰作用。此外，宋代家具还重视外形尺寸和结构与人体的关系，做工严谨，造型优美，使用方便。宋代家具种类有开光鼓墩、交椅、高几、琴桌、炕桌、盆架、带抽屉的桌子、镜台等，各类家具还派生出不同款式（见图2-119和图2-120）。宋代出现了中国最早的组合家具，称为燕几。

图2-119　北宋赵佶的《文会图》中的酒桌、鼓凳等家具

图2-120　宋代《十八学士图》中的书案、罗汉床等家具

元代因历史较短，而统治者采用的又是汉法，因此，不仅在政治、经济方面沿袭宋、辽、金时期的做法，家具也是以承袭宋代为主，发展不大，只有抽屉是元代的新发明（见图2-121）。概括起来说，元代家具形体厚重，造型饱满，雕饰繁复，多用云头、转珠、倭角等线型作为装饰（见图2-122），出现了罗锅枨、霸王枨、展腿式等品种造型，总体上予人以雄壮、奔放、生动、富足之感，与宋代家具还是有所区别的。

图 2-121　元代的抽屉桌中的抽屉占总高度的三分之一　　　图 2-122　元代雕刻精美的闷户橱

七、中国的明式家具

明代是自汉、唐以来，我国家具历史上的又一个兴盛期。明代的一批文化名人热衷于家具工艺的研究和家具审美的探求，他们的参与对于明代家具风格的成熟起到一定的促进作用。郑和下西洋，从盛产高级木材的南洋诸国，运回了大量的花梨、紫檀等高档木料，这为明代家具的发展创造了有利的条件。明代家具的造型非常简洁明快，工艺制作和使用功能都达到前所未有的高峰。这一时期的家具，品种、式样极为丰富，成套家具的概念已经形成。布置方法通常是对称式，如一桌两椅或四凳一组等，在制作中大量使用质地坚硬的珍贵木材。家具制作的榫卯结构极为精密，构件断面小轮廓非常简练，装饰线脚做工细致，工艺达到了相当高的水平，形成了明代家具朴实高雅、秀丽端庄、韵味浓郁、刚柔相济的独特风格。在现代发掘的墓葬中，考古学家发现了很多家具样式的明器，现藏于上海博物馆的一套明式家具是我国研究明式家具的典型性样本（见图 2-123）。

图 2-123　上海博物馆内收藏的一套明式家具，充分展现了明代卧室中的空间布局及家具样式

明代家具在造型上局部与局部的比例、装饰与整体形态的比例，都极为匀称而协调。如椅子、桌子等家具，其上部与下部，其腿、帐子、靠背、搭脑之间的高低、长短、粗细、宽窄的分配，都令人感到无可挑剔的匀称、协调，并且与功能要求极相符合，没有多余的累赘，整体感觉就是线的组合。其各个部件的线条，均呈挺拔秀丽之势，刚柔相济，线条挺而不僵，柔而不弱，表现出简练、质朴、典雅、大方之美。

明代家具的榫卯结构，极富有科学性，不用钉子少用胶，因而不易受自然条件的潮湿或干燥的影响；制作上采用攒边等作法；在跨度较大的局部之间，镶以牙板、牙条、圈口、券口、矮老、霸王枨、罗锅枨、卡子花等，既美观，又加强了牢固性。明代家具的结构设计，是科学和艺术的极好结合。时至今日，经过几百年的变迁，家具仍然牢固如初，可见明代家具传统的榫卯结构有很高的科学性。

明代家具的装饰手法，可以说是多种多样的，雕、镂、嵌、描都为匠人所用。装饰用材也很广泛，珐琅、螺钿、竹、牙、玉、石等样样不拒，但是，决不贪多堆砌，也不曲意雕琢，而是根据整体要求，做恰如其分的局部装饰。如：在椅子背板上做小面积的透雕或镶嵌；在桌案的局部施以矮老或卡子花等。虽然已经施以装饰，但是从整体看，仍不失朴素与清秀的本色，可谓适宜得体。

明代家具的木材纹理自然优美，呈现出羽毛兽面等形象，令人有不尽的遐想。明代家具充分利用木材的纹理优势，发挥硬木材料本身的自然美，这是明代硬木家具的又一突出特点。明代硬木家具用材，多数为黄花梨、紫檀等。这些高级硬木都具有色调和纹理的自然美。工匠们在制作时，除了精工细作外，同时不加漆饰，不做大面积装饰，充分利用、发挥木材本身的色调、纹理的特色，形成自己的独特风格。

明式家具种类繁多，可粗略划分成以下六大类。

1. 椅凳类

椅凳类有杌凳、圆凳、春凳、鼓墩、官帽椅、灯挂椅、靠背椅、圈椅、交椅等。

杌凳是指无靠背的坐具。"杌"字的本义是"树无枝也"，故杌凳被用作无靠背坐具的名称。形式有方形和长方形，一般可分别为无束腰直足式和有束腰马蹄式两大类型。马蹄式是明式家具足底的一种典型做法。凳面的板芯有木材、大理石、藤席等（见图2-124）。

腿足相交的杌凳，俗称"马扎"，古称"胡床"，由八根直木交接而成，以交接点为轴翻转折叠。其携带方便，使用广泛，古时居家常备（见图2-125）。

图2-124 明代黄花梨杌凳　　　图2-125 明代黄花梨马扎

圈椅指靠背为圆后背的椅子（见图2-126）。

交椅是可以折叠的交足椅子（见图2-127），其形即带靠背的马扎，交椅有直背和圈背之分。

图2-126 明代黄花梨圈椅　　　图2-127 明代圆后背交椅

官帽椅是有扶手和靠背的椅子，搭脑似明代官员所戴的官帽。若搭脑和扶手出头，为四出头官帽椅；若搭脑和扶手皆不出头，则为南官帽椅（见图2-128和图2-129）。

图2-128 明代四出头官帽椅   图2-129 明代花梨木南官帽椅

2. 几案类（承具类）

几案类（承具类）有炕桌、供桌、八仙桌、月牙桌、琴桌、书案、平头案、翘头案、条案、茶几、香几等。

桌是吃饭、饮酒时所用的家具，大约产生于唐朝，开始时其形式比较简单，后来发展为多种造型。其中最为普遍的是方桌，俗称"八仙桌"，方桌有四个边，一边坐两人，正好能坐八个人，因此而得名。腿在四角的窄而长的高桌按其功能可分为琴桌、画桌、书桌。炕桌是北方放置在炕上用来喝茶、吃饭的桌子（见图2-130）。半桌（见图2-131）的桌面大小大约相当于半个八仙桌，其桌面形为长方形，体积小、易调动，也可与方桌拼凑在一起合用。

案在中国主要是用来祭祀和陈放装饰物件的家具。案的腿多向里收进。条案是窄而长的高案。案面两端平直的为平头案，案面两端向上翘起的为敲头案（见图2-132）。敲头案多是古人用来欣赏长卷书画时用的家具，翘头的部分既可以产生视觉上的变化，又有实际的功能。

图2-130 明代榆木马蹄脚炕桌   图2-131 明代晚期半桌   图2-132 明代敲头案

案和桌在形态上有本质区别，一般来讲，腿的位置起决定性作用，高矮、大小、功能则无关案或桌的归类。腿向里收的一律为案，腿落地的位置垂直顶住桌面四角的为桌。

几类家具在明代主要有条几、茶几、香几等，它属于配属家具。几类家具主要用于桌案的配属、供奉的专用配属，很多时候作为放置花草盆景的承托家具使用，其外形多样，装饰性强，在明式家具中种类繁多，用材多为黄花梨（见图2-133至图2-135）。

图 2-133　黄花梨六足八方香几　　　图 2-134　五足内卷香几　　　图 2-135　黄花梨高束腰三足香几

3. 柜橱类

柜橱类包括闷户橱、书橱、书柜、衣柜、顶柜、亮格柜、百宝箱等。

闷户橱（见图 2-136）是一种具备承置物品和储藏物品双重功能的家具。其外形如条案，专置有抽屉，抽屉下还有可供储藏的空间箱体，叫作"闷仓"，存放、取出东西时都需取抽屉，故谓闷户橱。闷户橱南方不多见，北方使用较普遍。明代的衣箱造型简单、体量大，柜内设置抽屉和隔板（见图 2-137）。

图 2-136　明代黄花梨闷户橱　　　　　　　图 2-137　明代晚期黄花梨衣柜，上面部分具有展示柜功能

4. 床榻类

床榻类包括架子床、罗汉床等。床上立柱，上承床顶，立柱间安围子的床称为架子床（见图 2-138）。罗汉床是三面安装围子，可卧可坐，随意性较大（见图 2-139）。

图 2-138　明代晚期六柱黄花梨架子床　　　　　　图 2-139　明代罗汉床

5. 台架类

台架类包括灯台、花台、镜台、面盆架（脸盆架）、衣架、承足（脚踏）等（见图2-140和图2-141）。

6. 屏座类

屏座类包括围屏、插屏、座屏、砚屏、桌屏（见图2-142）等。

图2-140　明代脸盆架　　　图2-141　黄花梨凤纹衣架　　　图2-142　明代黄花梨桌屏（高度为90.5厘米，中间镶嵌绿色大理石）

围屏是多扇组合，并可任意折叠的屏风。

插屏是可装可卸的座屏风，底座立柱内侧有槽口，屏扇两侧有槽舌，可将屏扇嵌插到底座上。

座屏是有底座的屏风。

砚屏是小型的座屏，置几案上，古时可为烛灯挡风，也可视作供观赏的案头家具。

八、中国清朝的家具

清朝康熙前期，政治稳定，封建地主政权稳固。农业、手工业、商业及对外贸易发展到一定规模，上下呈现繁荣景象，为家具发展提供了良好条件。特别在乾隆时期，清朝呈现了一种比较繁荣的景象，为家具发展提供了一定条件。

清朝初期，延续的是明代家具的朴素典雅的风格。康熙中期以后，中国经历了康熙、雍正、乾隆三代一百余年统治。到雍正、乾隆时期，清朝贵族为追求富贵享受，大量兴建皇家园林。其中，皇帝为显示正统地位并表现自己"才华横溢"，对皇家家具用料、尺寸、装饰内容、摆放位置都要过问。工匠在家具的造型、雕饰等方面竭力显示所谓的皇家威仪，一味讲究用料厚重、尺度宏大、雕饰繁复，以便自己挥霍享受，同时显示自己的正统、英明，一改明朝简洁雅致的韵味。

清朝家具具有以下特点。

其一，品种丰富、式样多变、追求奇巧。清式家具有很多新的品种和样式，造型更是变化无穷。以常见的清式扶手椅为例，在其基本结构的基础上，工匠们就造出了数不清的式样变体。每一单件家具的设计也十分注重造型的变化。如故宫漱芳斋的五具成套多宝阁，其一字挑开，靠墙排放，与房间浑然一体，并错落有致地分割成一百多个矩形隔层，每个隔层虽有拐子龙纹却互不雷同，从侧面看，每个隔层的侧山上有不同的图形，如海棠形、扇面形、如意形、磬形、蕉叶形等，不一而足。清式家具在形式上还常见仿竹、仿藤、仿青铜，甚至仿假山石的木制家具；反过来，也有竹制、藤制、石制的仿木质家具。结构上，清式家具往往匠心独运、妙趣横生，如，有些小巧玲珑的百宝箱，箱中有盒，盒中有匣，匣中有屉，屉藏暗仓，隐约曲折。抽屉和柜门的关闭亦有诀窍，非仔细观察而不得其解。

其二，选材讲究，做工细致。在选材上，清式家具推崇色泽深、质地密、纹理细的珍贵硬木，其中以紫檀木为首选。在结构制作上，为保证外观色泽纹理一致，也为了坚固牢靠，往往采取一木连做，而不用小木块拼接。

其三，注重装饰，手法多样。注重装饰是清式家具最显著的特征。清朝工匠们几乎使用了一切可以利用的装饰材料，尝试一切可以采用的装饰手法，在家具与各种工艺品相结合上更是殚精竭虑。清式家具采用最多的装饰手法是雕饰与镶嵌，刀工细致入微，手法上又借鉴了牙雕、竹雕、漆雕等技巧，磨工亦百般考究，将雕件打磨至线棱分明、光润似玉。镶嵌是将不同材料按设计好的图案嵌入器物表面，如在家具上嵌木、嵌竹、嵌石、嵌瓷、嵌螺钿、嵌珐琅等，花样多多，千变万化。

其四，西洋影响，良莠不齐。清式家具中，采用西洋装饰图案或手法者占有相当比重，尤以广式家具更为明显。受西洋影响的清式家具大约有两种形式：一种是采用西洋家具的样式和结构，早期此类家具虽有部分出口，但未能形成规模，清末此种"洋式"再度流行，大多不中不西，做工粗糙，难登大雅之堂；另一种则是采用传统家具造型、结构，部分采用西洋家具的式样或纹饰，如传统的有束腰椅，以西洋番莲图案为雕饰等。

其五，在用材上，清朝中期以前的家具，特别是宫中家具，常用色泽深、质地密、纹理细的珍贵硬木，其中以紫檀木为首选，其次是花梨木和鸡翅木。用料讲究"清一色"，即各种木料不混用。为了保证外观色泽纹理的一致和坚固牢靠，有的家具采用一木连做，而不用小材料拼接。清中期以后，上述三种木料逐渐缺少，遂以老红木代替。装饰方面，为了追求富贵豪华的装饰效果，充分利用了各种装饰材料和使用了各种工艺美术手段，可谓集装饰技法之大成。但有些清式家具为装饰而装饰，雕饰过繁过滥，反而成了清式家具的一大缺点。

其六，清式家具采用最多的装饰手法是雕刻、镶嵌和描绘。雕刻刀工细腻入微，以透雕最为常用，突出空灵剔透的效果，有时与浮雕相结合，能取得更好的立体效果。镶嵌在清式家具中运用得更为普遍，有木嵌、竹嵌、骨嵌、牙嵌、石嵌、螺钿嵌、百宝嵌、珐琅嵌，甚至玛瑙嵌、琥珀嵌等，品种丰富，流光溢彩，华美夺目。其中珐琅技法由国外传入，用于家具装饰仅见于清朝。描金和彩绘也是清朝家具的常用装饰手段，吉祥图案是清式家具最喜欢的装饰题材。

综观清式家具，总的特点是品种丰富，装饰上富丽豪华，并能吸收外来文化，融会中西艺术。品种上不仅具有明代家具的类型，还延伸出诸多形式的新型家具，使清式家具形成了有别于明代风格的鲜明特色（见图2-143至图2-145）。

图2-143　清中期榆木红漆描金衣柜

图2-144　清晚期镶嵌了大理石的紫檀靠背扶手椅

图2-145　清晚期多宝阁细部设计（五金件为景泰蓝，内壁有描金漆画，做工十分精美）

清朝家具的发展至风格成熟为"清式风格"，大致可分为以下三个阶段。

第一阶段是清初至康熙初，这阶段不论是工艺水平，还是工匠的技艺，都还是明式家具的延续。这个时期的家具造型上不似清中期那么浑厚、凝重，装饰上不似清中期那么繁缛富丽，用材也不似清中期那么宽绰。而且，清初紫檀木尚不短缺，大部分家具还是用紫檀木制造的（见图3-146）。清中期以后，紫檀木渐少，便多以红木代替了。清初期，由于为时不长，特点不明显，没有留下多少传世之作，这个阶段还处于对前代的继承期。

图 2-146　清早期紫檀杌凳

　　第二阶段是康熙末，经雍正、乾隆，至嘉庆。这段时间是清朝社会政治的稳定期，社会经济的发达期，是历史上公认的"清盛世"时期。这个阶段的家具生产随着社会发展、人民需要的发展和科技的进步，而呈兴旺、发达的局面。这个时期的家具一改前代的秀丽，变得浑厚和庄重，用料阔绰，尺寸加大，体态丰硕。清中期家具（见图 2-147 和图 2-150）特点突出，成为"清式风格"的代表。清式家具的装饰求多、求满、求富贵、求华丽，多种材料并用，多种工艺结合。甚至在一件家具上用多种工艺和多种材料，雕、嵌、描金兼取，螺钿、木石并用。此时的家具，常见通体装饰，没有空白，达到空前的富丽和辉煌。但是，不得不说，过分追求装饰，往往使人感到透不过气来，且有时忽视了使用功能，不免有争奇斗富之嫌。

图 2-147　清中期黄花梨供桌

图 2-148　清中期榆木黑漆闷户橱

图 2-149　清中期樟木八仙椅和茶几

图 2-150　清中期罗汉床及脚踏

第三阶段是道光以后至清末。道光时期，中国经历了鸦片战争的历史劫难，此后社会经济日渐衰微。至同治、光绪时期，社会经济每况愈下。同时，由于外国资本主义经济、文化以及教会的输入，使得中国原本自给自足的封建经济发生了变化，外来文化也随之渗入中国领土。这个阶段的家具风格，受西方家具风格影响很大。如广作家具就明显地受到了法国洛可可风格的影响，追求曲线美和华丽丰富的装饰，用料普通，做工比较粗糙（见图2–151和图2–152）。

图 2-151　清晚期广东红木大理石镶嵌弧形靠背扶手椅　　　图 2-152　清晚期广东期靠背扶手椅

总之，所谓清式家具，乃是指康熙末至雍正、乾隆，以至嘉庆初的清中期的家具，即这一段清盛世时期的家具。这段盛世家具风格的形成，的确与清朝统治者所创造的世风有关，体现了从游牧民族到一统天下的雄伟气魄，代表了追求华丽和富贵的世俗作风。由于过分追求豪华而带来一些弊端也是存在的。但是，清式家具利用多种材料，调动一切工艺手段来为家具服务，这是历来所始料不及的。清式家具（见图2–153至图2–158）有许多经验和优点可取，其风格独特，在我国家具历史上有着卓著的成绩。

图 2-153　清式家具·榆木官帽扶手椅　　　图 2-154　清式家具·榆木暖椅　　　图 2-155　清式家具·红木桌屏（一面为银镜，一面为描金吉祥图案）

图 2-156　清式家具·官轿椅　　图 2-157　清朝宫廷内的龙椅及屏风模型(此模型　　图 2-158　清式家具·雕花床
　　　　　　　　　　　　　　　　　　　　　　　是按照 1：1 的比例设计及制作的)　　　　　　　　　　(饰以红漆和金漆)

思考题

(1) 简述西方巴洛克时期的家具风格。

(2) 简述五位北欧四国现代家具设计大师的设计风格及其作品。

(3) 简述明式家具的风格特点。

第三章

家具与陈设的基本类型

Chapter 3　Basic Types of Furniture and Furnishing

第一节
艺术品与家具的组合陈设

家具与陈设设计的组合形成了室内各空间的风格特色，艺术品作为一类特别的陈设类型与家具组合成室内设计中至关重要的元素。利用植物配置与家具进行组合是当下室内设计中提倡的环保、可持续设计的重要方法。将绿植、玻璃、铁艺、油画、织物等内容与家具的组合进行融合，创造具有个性特征的陈设风格。

一、玻璃艺术品与家具的组合陈设

玻璃艺术品是供人观赏、收藏、美化环境的一类艺术品，无论在公共空间或私有空间都能给欣赏者带来晶莹剔透、光亮无瑕的视觉效果。一般放置在室内的玻璃艺术品包括玻璃器皿、玻璃花瓶、玻璃工艺品摆件、玻璃灯饰、玻璃墙饰、玻璃隔断等，这些玻璃艺术品与家具组合形成了室内空间中较为精巧的区域。

1. 墙面玻璃艺术品陈设

最早的玻璃装饰是从采光的窗户开始的，用料大都是透明的玻璃原片。中世纪时期，为了渲染宗教的氛围，人们逐渐用彩色镶嵌玻璃来装饰门窗，至今欧洲的百姓仍有用彩色镶嵌玻璃装饰门窗的传统习惯。人们追求玻璃神秘光泽的特性，创造出玻璃砖、琉璃砖等更多新的墙面材料，加强对玻璃材质的使用。几种不同的墙面玻璃艺术品陈设设计如图 3-1 所示。

玻璃隔断作为单体的墙面装饰，其制作工艺越来越让更多人使用与熟练掌握。如上海威斯汀酒店的玻璃楼梯及玻璃隔断（见图 3-2），在点式玻璃技术的基础上结合了喷砂雕刻及叠层成型技术，加上大面积的留白及漩涡式的动感纹饰，营造出神秘梦幻般的效果。

图 3-1　几种不同的墙面玻璃艺术品陈设设计

图 3-2　上海威斯汀酒店的玻璃楼梯及玻璃隔断

2. 顶面玻璃艺术品陈设

顶面玻璃艺术品陈设包括穹顶玻璃陈设和平顶玻璃陈设，这两种陈设主要是根据不同顶面的造型与结构来区分的。玻璃艺术家对穹顶装饰中光线的角度、玻璃材料的透明度、色彩的分解变化等都非常在意，他们在设计时首先考虑玻璃对光线吸收的角度，其次考虑玻璃的透光度，因为玻璃的透光度会影响装饰的效果，影响采光。

用吹制成型法制作出来的成品玻璃装饰穹顶有意想不到的自然效果。美国著名玻璃艺术家戴尔·奇胡利（Dale Chihuly）就用吹制法创作了许多优秀的作品，其中不乏用在穹顶作装饰的。在蒙特利尔美术馆呈现的戴尔·奇胡利的玻璃穹顶作品（见图3-3）美轮美奂，让人赞叹不已。如图3-4所示，大英博物馆亮蓝色的穹顶设计则给人一种清爽舒适的感受，如同英国宜人的气候，少量绿色的介入增强了温和而古典的气息，与大英博物馆藏品相得益彰，使得陈设的藏品更显典雅悠久之美。

在平顶玻璃上还可以加入彩绘及肌理装饰，使整个室内空间丰富而特别。一般采用平顶玻璃装饰的有挑檐、室外小花园和室内日光房等，如图3-5所示。

图3-3　蒙特利尔美术馆的玻璃穹顶作品　　　　图3-4　大英博物馆的玻璃穹顶　　　　图3-5　现代家居中的日光房玻璃平顶

3. 廊柱、扶手、吧台的玻璃艺术陈设

科技的发展使得玻璃能够制成各类廊柱、扶手、吧台等建筑构件。最早制作的玻璃椅子是用整块钢化玻璃在模具中热弯成型制作而成的。

由于玻璃材料存在技术性的问题，限制了它在实用性家具领域的发展，但在廊柱、扶手、吧台等装饰性领域却能将此材料的优越性发挥得比较好，弥补了其他材料在光线利用上的不足。玻璃吧台的设计如图3-6所示。用热熔和热弯的方式制成的非承重的玻璃柱，有很好的辅助和装饰效果，如图3-7所示。

图3-6　玻璃吧台的设计　　　　　　　　　图3-7　玻璃柱内置鱼缸的设计

4. 玻璃艺术品在室内陈设设计中应注意的问题

（1）玻璃艺术品一般体量较小，放置于多宝阁或书架上较适宜。

（2）玻璃艺术品对光线的要求特别讲究，除自然光线外，有的玻璃艺术品还需要底部柔和光源和背部强光作为主光源，顶光和侧顶光作为辅助光源。光源的原色要以冷色光为基础，以散发神秘的光效。

（3）确保安全性，考虑到玻璃材料易碎，除了在制作成型的时候必须考虑造型的稳定性外，成品在与家具进行组合设计时也要防止摇晃。

(4) 由于公共场所的人流量比较大，大型的玻璃艺术品在陈列时应考虑人流方向、密集程度、空间大小等问题。

5. 酒店公共空间的玻璃艺术品与家具的组合

发达国家对酒店建设甚至立法规定，酒店的投资预算中必须有一定比例的预算用于对艺术品收藏。其中，玻璃艺术品与家具的组合在我国较早的一批五星级酒店中都有收藏，如广州白天鹅宾馆、广州花园酒店、北京王府饭店、北京中国大饭店等。上海威斯汀酒店除大堂的主体玻璃雕塑陈设外，三楼宴会厅的许多陈列都是用玻璃艺术品来布置的，更有趣的是大堂通往宴会厅的旋转楼梯都用玻璃来制作的，体现出玻璃艺术品与家具构造的全新设计，如图 3-8 和图 3-9 所示。

图 3-8　上海威斯汀酒店大堂主体玻璃雕塑设计

图 3-9　上海威斯汀酒店大堂中的玻璃楼梯设计

6. 餐饮空间玻璃艺术品与家具的组合陈设

玻璃艺术品在餐厅的室内设计中也被广泛地运用，并结合不同的餐饮家具进行组合，如吧台的台面用玻璃、餐椅用有机玻璃、餐厅墙面用彩色玻璃贴面等，这些都能提升餐饮空间的空间面积，玻璃镜面或透明家具能使空间更为开敞明亮。如美国棕榈滩的 Breaker 酒店在餐厅吧台上设有宽厚的玻璃台面，并在台面下装置贝壳和海洋生物，使吧台有了生机，灵动而可爱，如图 3-10 所示。

图 3-10　美国棕榈滩 Breaker 酒店餐厅中的具有生态理念的吧台陈设设计

7. 办公空间玻璃艺术品与家具的组合陈设

如图 3-11 所示，玻璃艺术品在办公空间中也应用广泛，特别是玻璃隔断与家具的组合设计能很好地体现现代办公空间的特色。玻璃隔断在设计中最多的是与门、窗等构件进行搭配，有的会议桌整体都为玻璃制造。在办公空间内，不透明的拉丝技术，不仅保证了空间的通透性，还保证了空间的私密性，同时条纹设计又极富现代感。

图 3-11　办公空间内的玻璃隔断

8. 室内小空间中的玻璃艺术品收藏

在国外,私人收藏玻璃艺术品古已有之,对玻璃艺术品的品位、风格、成型方式的选择有了更加全方位的研究。如素有"芬兰国宝"之称的 iittala 玻璃器皿（见图 3-12）,以它极具特点的造型,以及小巧的身形、精致的做工深受人们喜爱。而国内对玻璃艺术品的收藏近几年也有很大发展,除了几个欧美的品牌如施华洛世奇等外,国内品牌如琉璃工房、琉园、圣鼎琉璃、金火光琉璃、匠门琉璃、夏氏琉璃、天工坊、汉王琉璃等也都相继推出了各自的玻璃艺术品。玻璃花瓶、玻璃果盘这类玻璃陈列品可以和家具一起作为室内空间的点缀装饰；体量较大的玻璃艺术品如玻璃佛像、玻璃生肖、玻璃吉祥物等可另行专门陈列；而私人藏品（见图 3-13 至图 3-15）从艺术品位到陈列方式都与现代实用性陈列品有一定的区别,其对光线和室内温度、湿度都有相应的要求。私人藏品的价值、价格一般比较高,因此,在防盗、防破损等方面要特别注意。

图 3-12　iittala 玻璃器皿

图 3-13　蒂芙尼灯具　　　　图 3-14　红酒（也可视为玻璃藏品）　　　　图 3-15　动物玻璃艺术品

二、铁艺装饰陈设设计

铁艺在现代室内设计中的应用非常广泛，铁艺具有丰富空间层次、强化室内环境风格、调节空间环境色彩、烘托室内气氛、反映文化特色等作用。铁艺在未来室内设计中将更加强调铁艺与人的个性的融合，为营造室内环境氛围的精神功能发挥作用。

1. 铁艺的材质及加工工艺

铁艺常用的金属材料有铁、钢、铜和铝，有时也用金和银等贵重金属。铁艺的加工工艺主要有铸造、锻造、焊接以及机床加工。铁艺制品常用涂装和电镀（热镀）工艺进行表面处理，既能抵抗和避免金属表面锈蚀，又能起到不同色彩质感的装饰作用。不同形式的铁艺作品如图 3-16 所示。

图 3-16　不同形式的铁艺作品

2. 铁艺在现代室内设计中的作用

1）铁艺隔断可以分隔空间，丰富空间层次

铁艺隔断多采用镂空式或栏杆式，其最大特点是非密闭性，铁艺隔断可使空间的使用功能更趋合理、更灵活、更具空间流动感和层次感。如图 3-17 所示，室内一组铁艺隔断的设计打破了传统单调的平面布局形式，同时铁给人以厚重和沉稳的感觉，能突出安全、私密的空间感觉，丰富空间层次。

图 3-17　餐厅中简单的几何形铁艺隔断设计

2）不同风格的铁艺可强化室内环境风格

人们由于审美选择上的不同，形成了多种多样的室内设计风格的需求，如古典风格、现代风格、中国传统风格、欧洲风格等。铁艺本身的造型、色彩、图案、质感均具有一定的风格特征，所以它的使用会进一步强化室内环境的风格（见图 3-18 和图 3-19）。

图 3-18　不同风格及不同功能的铁艺陈设（一）

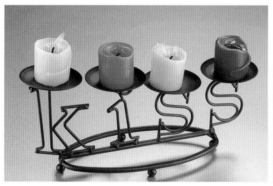

图 3-19　不同风格及不同功能的铁艺陈设（二）

3）铁艺丰富独特的肌理色彩可调节空间环境色彩

　　室内环境的色彩是室内环境设计的灵魂，在一个固定的环境中最先进入人们视觉感官的是色彩，而最具有感染力的也是色彩。如图 3-20 所示，铁艺的金属质感可以很好地调节空间色彩。例如：铁艺独有的金属质感，可以营造出厚重华丽的宫廷氛围；青铜色的典雅的锻铁楼梯扶手，能给空间增添一种古典的气息；银色的金属烛台能够衬托出餐厅烛光的柔美温馨。

图 3-20　酒店铁艺栏杆设计

3. 铁艺的肌理效果

肌理是指物体表面的组织纹理结构。肌理分为一次性肌理和二次性肌理。

一次性肌理是材料在自然形成过程中自身的纹理图形结构的外在表现形式。铁艺的一次性肌理是其主要材质铁、钢、铝等金属材料所特有的金属光泽和硬度的材质美感。铁艺将金属一次性肌理的刚毅融合到艺术造型之中，迎合了人们崇尚质朴、热爱自然的追求。

二次性肌理是在一次性肌理的基础上经人工加工形成的肌理。二次性肌理属于人为创造的有规律的纹理变化，更可体现艺术美。铁艺的一次性肌理是一种金属质感，厚重、沉实、冷峻。根据不同的加工技术，会有不同的二次性肌理观感。例如：经过打磨喷涂的铁艺制品的光泽会变得柔和温暖；锻炼后的金属具有柔韧性和延展性，柔软多变；电镀喷漆后的铁艺制品可以模拟其他材质，如木材、塑料等。在构成空间环境整体效果时，一般采用两种肌理对比的手法。铁艺的肌理效果如图3-21和图3-22所示。

图3-21　铁艺的肌理效果　　　　　图3-22　用铁箱做成的墙面肌理效果

4. 铁艺与室内陈设设计的并用

室内空间设计中的铁艺基本可分为界面铁艺（地面、墙面、门、窗、天花、隔断）和陈设饰品铁艺两类，分别如图3-23和图3-24所示。

铁艺制作的家具陈设品有很多：家具类如凳、椅、桌、床、茶几等；灯具类如街灯、落地灯、台灯、壁灯、吊灯等；摆设类如案头小摆设品、艺术品等；日用品类如餐具、花篮等。

图3-23　金属铁艺隔断　　　　　　图3-24　铁艺床头靠背装饰设计

铁艺应用于界面设计、建筑装饰的制品包括大门、门花、把手、窗、窗花、窗栏、围栏、基围、柱花、墙花、屏花、扶手、檐花、壁炉等，如图3-25所示。支架类铁艺制品包括书架、台架、花架（见图3-26）、牌架等。

图 3-25　铁艺形式的门窗及室内壁炉陈设设计

图 3-26　铁艺花架

三、油画作品装饰陈设

油画在室内装饰设计中的布局，可以按以下几个方面来进行陈设。

1. 油画装饰的设计与空间布局

1）空间的功能限定

油画题材的选择：儿童房最好选择儿童题材的抽象画；客厅应以风景画为主，使环境更加开阔、明朗；餐厅则可挂一些蔬果鲜花类的静物画像。

2）装饰风格的统一

油画是室内装饰中的点睛之笔，它应该具有与室内装饰整体和谐之美。抽象派油画或现代派油画的简明快捷，较适宜于宽敞明亮、装饰风格新派、用材新颖的空间；而写实、古典的油画较适宜于豪华、典雅的装饰风格；印象派油画，不管是装饰走廊还是书房，都能体现其色彩斑斓、光色合一的效果，具有极强的装饰性。

3）注意色彩的沟通

色彩明艳的房间可选色彩对比较强的油画，温馨淡雅的房间应考虑色彩柔和的油画。

4）考虑季节、环境和气候

湿度大的地区，宜多选颜色明快、画面明朗的油画；干燥的地区则考虑"水多一些"的油画。冬天选择色调鲜艳活泼的油画，夏天则选择柔和恬静的油画。

5）油画的布置

油画放置的位置宜以距底面 1.5～2 米为宜；光线尽量从油画的左上方投射，这样符合画家作画时的光线位置；油画不宜镶玻璃。

2. 家居中油画装饰陈设的原则

1）选油画先看装修风格

选择油画首先要根据装修风格来定。欧式风格的居住空间以及高档别墅可以选择一些较为写实的风景类油画或者肖像类油画。具有现代感或者简欧式风格的居住空间可以选择印象派油画或抽象派油画，也可以选择有特殊效果的油画，如刀画、厚涂的油画，梦幻和写意的油画等，因为这些油画大多带有强烈的色彩。

2）不同区域选不同题材

油画摆放的空间是影响装饰效果的重要因素。不同空间适合摆放不同题材的油画。如客厅是家庭活动的主要场所，所以油画的配饰往往成为视觉重点，可以选择以写实风景、人物、聚会活动等为题材的油画，或让人联想丰富的抽象派油画、印象派油画，如图 3-27 所示。

(a) 写实风景油画　　　　　　　　　　　　　　　　(b) 印象派油画

图 3-27　不同风格的油画

在餐厅内配挂明快欢乐的油画，能给人带来愉悦心情，增进人的食欲。水果、花卉和餐具等与吃有关的题材的油画是餐厅不错的选择。把明亮色块组成的抽象派油画挂在餐厅内也是近几年来颇为流行的一种搭配手法。

卧室是休息的场所，追求温馨浪漫和优雅舒适，可选择挂放一些风景、花卉等题材的暖色装饰画，以营造一种温馨的家庭感觉。

纯中式的书房选择山水油画作为装饰，可以凸显整体装修风格；欧式、地中海、现代简约等装修风格的书房则可以选择一些风景油画作为装饰。

客厅、餐厅、卧室摆放油画的效果如图 3-28 所示。

图 3-28　客厅、餐厅、卧室摆放油画的效果

3）墙面装饰与油画的协调

墙面的装饰应与油画风格相协调。如墙面刷墙漆，则宜选择具象油画，而深色或者色调明亮的墙面可选用抽象派油画或者大色块的油画。如果墙面贴壁纸，则中式壁纸选择瀑布或高山流水一类的油画，欧式风格壁纸选择传统油画，简欧风格选择无框油画。如果墙面大面积采用了特殊材料，则根据材料的特性来选择油画。如木质材料宜选花梨木、樱桃木等带有木制画框的油画，金属等材料就要选择有金属色画框的抽象派油画或者印象派油画。

4）室内空间采光与油画的选择

光线不好的房间尽量不要选择黑白颜色或者或单色调的油画。相反，如果房间光线太过明亮，就不宜再选择暖色调和色彩明亮的油画，否则会让视觉没有重点或让人眼花缭乱。

5）规格决定挂画数量

由于画框可以更换，因此现在市场上所说的长度和宽度多是画本身的长、宽，并不包括画框在内，买画之前一定要测量好墙面的高度和宽度，计划好挂放装饰画的数量，最后计算好所需油画的规格。

3. 室内空间挂画原则

挂画，与中国园林营造法中的借景有异曲同工之妙。在园林营造中，为避免围墙或廊道墙的沉滞、阻隔，创造出墙上开洞门、漏窗的做法。这些框景让视线穿透，贯通多个园林空间，并提示人们前进的方向。

1）艺术性原则

挂画主在取其艺术性之潜移默化，进而对人们产生性情、美感等的陶冶，而绝非只是"补墙"之用。提供一个单纯独立的空间挂画，并兼顾画作与实际生活的契合，让艺术彻底生活化。

2）视觉性原则

挂画高度对观赏效果有很大影响。人的正常水平之视，其视线范围是在眼睛四周约60°的圆锥体之内。所以，最适合挂画的高度是离地1.5～2米的墙面为宜。墙上的画面应该向地面方向微倾。放置于柜橱上低于人眼的画面，则应以仰倾向天花板的角度摆置，方便让人们观赏到最完整的画面。

3）空间性原则

挂画牵涉到美学的涵养，小小一幅，却与色彩、家具、饰品、质感、气氛营造、空间等有着互为影响的关系。挂画宜权衡保留墙面的空白美感，切忌填鸭式地挂满整个墙面。挂画时，应注意画框的线条与空间中线条的延伸、呼应与互补，才不至于使画位突兀。

4）材质性原则

由家具材质来选择搭配。例如：优雅高贵的皮质沙发，适合古典作品加金属色框；温馨的布艺沙发，适合幽静风景作品加木框；木藤类的沙发，不妨来幅具有宽阔视野（如海景）的画作。

4. 油画挂画的具体尺度性空间参照原则

（1）坚持宁少勿多、宁缺毋滥的原则。在一个空间里形成一两个视觉点就够了，留下足够的空间来启发想象。在一个视觉空间里，假如要同时铺排几幅画，必须考虑它们之间的整体性，要求画面是统一艺术风格（见图3-29）。

（2）视线第一落点是最佳位置。进家门视线的第一落点是最该放装饰画的地方，这样你才不会觉得家里墙上很空，视线不好，同时还能产生新鲜感。将玄关处放置油画，可一进门便有较好的视觉效果，如图3-30所示。

图3-29　油画的选择应考虑空间的整体性　　图3-30　玄关处放置油画

（3）抽象装饰画需晋升空间感。假如想让房间空间显得很大，可搭配透视感强的或画面简朴的抽象装饰画，能够起到晋升空间的作用，如图 3-31 所示。

（4）挂画使狭小的空间灵动起来。对于较小空间的墙面的挂画可选择上下错开或"品"字形挂画，画不宜太大，这样会让所在空间显得活泼灵动，让人感到轻松安闲。

（5）拐角部位用装饰画改变视线方向。装饰画的传统摆法是将画摆在一面墙的正中部，然而在现代的设计中，很多设计师喜欢把装饰画摆放在角部。角部是指室内空间角落，好比客厅两个墙面的 90° 角。就像近年来比较流行的沙发组合方式 L 形沙发，角部装饰画也有异曲同工之妙。角部装饰画对空间的要求不是很严格，能够给人一种恬静的感觉。在拐角的两面墙上，一面墙上放上两张画，平行的另一面墙放上相同风格的一张画，形成墙上的 L 形组合，这样可以增加布局的情趣，室内也不会有拘束感。

（6）挂画的高度应以主人的身高作为参考，画的中央位置在主人双眼平视高度再高 10～25 公分（1 公分 =1 厘米）的高度挂画为宜。从视觉性考虑，一般最相宜的挂画高度是离地 1.5～2 米的墙面，这样人们可水平直视地欣赏画面，能感到舒适（见图 3-32）。挂画到底挂多高？实际生活中还需要挂画人不断比试后才能决定，以观赏者不觉得眼睛疲惫为宜。

图 3-31　抽象装饰画增加室内的空间感　　　　图 3-32　酒店的装饰画高度与人的双眼平视高度正好吻合

（7）画幅大小和房间面积形成一定的比例关系。一般家居墙壁的高度为 3 米左右，假如有吊顶，则高度为 2.5～2.8 米，一般情况下 20～40 平方米的房间，单幅画的尺寸以 60 厘米×80 厘米左右为宜，挂画高度不宜超过 90 厘米。走廊和过道的画单幅以 40 厘米×50 厘米左右为好，太大，空间会显得很小。假如客厅、书房、卧室的空间较大，可配拼画或组画。客厅可配多幅拼画（3 幅以上），总长宜为（140～180）厘米×（50～80）厘米。书房、卧室一般配 3 幅以下的拼画，总长宜为（90～150）厘米×（50～80）厘米。画与画的距离间隔应在 20 厘米以内，距离太大会影响画的连续性。画幅大小和房间面积的比例协调程度，决定了这幅画在视觉上所带给人的愉悦感的情况，当然这还要取决于观赏者个人的兴趣和情绪情感状态。

第二节
布艺与家具的组合陈设

当前，软装饰艺术正快速进入大众的设计视野，并以其独有的特征和优势满足现代人对于设计的各种不同需求。

一、布艺饰品在空间环境中的特点

在用布艺装饰居室时，会依据装饰物所使用的空间区域来决定它的属性和分类。不论是何种空间，其布艺与家具的装饰都是独具个性的。布艺饰品在环境中能充分体现出软装饰的特点，展现出其本身质地、材料、混合的艺术魅力。

1. 布艺饰品与环境设计的统一性

布艺饰品与环境的统一，是指在同一空间内，如果是要展示布艺的区域，都应该把布艺饰品（如窗帘、布艺沙发、床上用品等）用与家居风格类似的风格及和谐的色调进行装饰。

2. 布艺饰品与环境的配套性

布艺饰品与环境的配套，是指在同一空间内，装饰者对装饰材料的选用要浅析布艺饰品在家居环境中的特性及其装饰效果，将多种不同功能的被装饰物系列化，对装饰材料的色彩、图案、质感与款式进行搭配，力求互有联系。因此，布艺饰品决定了室内软装饰的主色调。完整的布艺配套设计属于室内软装饰设计的主要内容之一，由于人的视觉有一定的选择性，所以布艺的不同形态、色彩、材质能体现人们在居室的不同的心理感受；人的视觉还有一定的先后性，先进入人的视线范围的是那些色相和明度差别较大的对象，视觉的先后性是室内布艺配套设计的一个非常重要的依据。

3. 布艺饰品的不可替代性

布艺装饰的多样性以及图案色彩的丰富性可以让有限的空间产生不一样的意境，所以，有人认为如能将布艺的装饰特性运用得当，布艺就像是一幅写意的山水画或一幅田园生活景象，为家居演绎独特文化内涵和艺术魅力。

二、布艺装饰材质的属性分类

了解软装饰的材料是设计师必备的基本知识。纤维是一种天然或人造的细长物质，无论它是何种纤维，都要经过纺纱再织成布。天然纤维是采用植物原料和动物原料加工而成的，植物原料如棉、亚麻、苎麻和黄麻等，动物原料有羊毛、山羊绒、驼毛、兔毛、蚕丝等。人造纤维是以化学纤维构成的，人造纤维有人造丝、涤纶、锦纶、粘胶、腈纶等。

1. 植物纤维材料

在植物茎秆中，如苎麻、大麻、亚麻和黄麻的草本茎，具有特别发达的韧皮纤维束，可用来制作各种纺织品。这些纤维没有或很少木质化，称为软纤维。在有些植物的木本茎中，韧度纤维也很发达，它们是制造特种纸张的优良原料，如桑树、构树、青檀等。叶子纤维主要存在于单子叶植物的叶脉中，细胞壁木质化程度较高，质地坚硬，称为硬纤维。这类纤维拉力大，耐腐力强，主要用来制作绳索，或作粗纺之用，如制成剑麻布、蕉麻布（见图3-33）等。

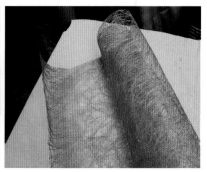

图3-33 亚麻布、苎麻布和蕉麻布

棉的优点是吸湿性强，凉快干爽，无静电现象，无过敏现象，手感柔软，弹性低，强力低，皮肤触感舒适。棉的缺点是洗涤后会产生一定的收缩，经熨烫后才能保持原有的平整。棉类纺织品作为服装设计的常用面料，也被广泛应用于软装饰设计。麻类纺织品主要是亚麻和苎麻，具有凉快、吸湿、透气舒适等特点，而且硬挺、不沾身、易清洗，是夏季用品的理想材料。但是麻纺织品容易起皱，洗涤后须熨烫。

2. 动物纤维材料

动物纤维亦称天然蛋白质纤维，是由动物的毛发或分泌液形成的。动物纤维最主要的品种是各种动物毛和蚕丝。它们是由一系列氨基酸经肽键结合成链状结构的蛋白质。作为优良的纺织原料，纤维柔软富有弹性，保暖性好，吸湿能力强，光泽柔和，可以制作成四季皆宜的中高档服装，以及装饰用和工业用织物。动物纤维产品（见图3-34）包括两大类：①毛发类，如绵羊毛、山羊毛、骆驼毛、兔毛、牦牛毛等；②腺分泌物，如桑蚕丝、柞蚕丝等。

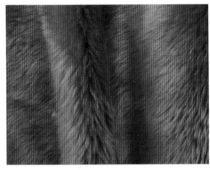

图3-34　兔毛产品、桑蚕丝布料和柞蚕丝布料

天然丝主要指桑蚕丝和柞蚕丝，它是天然纤维中最牢固的一种，耐磨耐穿，触感柔滑，富有弹性，光泽好，吸湿性强。柞蚕丝比桑蚕丝更耐碱、耐晒，更富有弹性。羊毛的弹性好，吸湿性强，保暖性极强，光泽自然柔和，羊毛质地轻柔细腻，视感和触感俱佳。羊毛织物分为粗纺和精纺两种类型。

3. 人造纤维

人造纤维是化学纤维的两大类（人造纤维和合成纤维）之一。人造纤维是用某些线性天然高分子化合物或其衍生物做原料，直接溶解于溶剂或制成衍生物后溶解于溶剂生成纺织溶液，之后再经纺丝加工制得的多种化学纤维的统称。竹子、木材、甘蔗渣等都是制造人造纤维的原料。

根据人造纤维的形状和用途，可将其分为人造棉、人造丝（见图3-35）和人造毛三种。其重要品种有粘胶纤维、醋酸纤维、铜氨纤维等。再生纤维可分为再生纤维素纤维、纤维素酯纤维、蛋白质纤维和其他天然高分子物纤维。人造纤维性能比较接近棉纤维的，它的耐磨程度和强度比棉纤维的差，但人造纤维吸湿功能比棉纤维的高，优点是穿着舒适、耐碱性能好，缺点是怕光晒，不耐酸。

图3-35　人造棉和人造丝

粘胶织物在现代设计中广泛被应用。其根据不同质地有不同的类型区分：棉类型粘胶称为人造棉，毛类型粘胶称为人造毛，粘胶长丝称为人造丝。

腈纶的特点是柔软、保暖、弹性好、耐晒、保形性好、耐酸不耐碱，伸长性优于人造纤维。

涤纶的特点是强度高，抗拉伸性好，保形性好，干湿状态下爽挺、抗皱、耐磨、易清洗，但它耐酸不耐碱，易燃、易熔。

锦纶性能的优点是强度高，耐磨性好，柔软而富有光泽感；缺点是吸湿性较差，易起球，耐碱不耐酸，不保形。

三、布艺饰品在环境中与家具共同改善空间形态

不管何种布艺，在空间中以任何形式出现都要发挥出防护、遮蔽和美化的功能，它们往往依附于其他的陈设装饰对象，成为一种特殊的艺术陈列品。

1. 布艺的从属性特点应与家具相协调

我国小面积的住房居多，因此需要设计师将空间的分隔和装饰作为有机的整体来结合运用，并在布艺色彩上进行协调与搭配。布艺的色彩选择强度要适中，色调应选择偏于轻快的颜色，纹样搭配要协调，应呈现出宁静、舒雅的环境特点。原则上，小的空间应该创造出温馨、浪漫、有亲和力的布艺设计效果，因此在颜色和花型的选择上需要有一些提炼，最终是要让居室变得舒适、安静、温馨。

2. 布艺在室内空间中能够改变家具的特征与风格

布艺不同于木质品以及玻璃制品，它具有轻便、价格较低、易拆洗的特点，因此它具有了易更换的特性。在现代装饰材料种类多样的市场竞争中，这种特性使它很容易被大众认可和接受，成为家居装饰中必不可少的选择。

首先，布艺易于摆放，易于变化位置，体现着物的人性化。其立体样式褶皱可匹配其他软装饰，使之更富有立体感和层次感，如图 3-36 所示。

其次，布艺家具具有易更换性（见图 3-36），可在不同的季节采用不同的家居色彩以改善家居氛围。如在客厅空间，可以选择更换沙发套和沙发靠垫，以及客厅窗帘来变换家居风格。春季选择鲜艳明亮的绿色来搭配，给人温暖和具有生命力的感觉；夏季以色彩清雅、清淡、色调明快为主，用一些冷色调作为客厅家具的主色调，可给炎炎夏日增添几分凉爽；在秋季，秋高气爽，气温适中，选择橙色色调可传递温暖；寒冷的冬季，布艺的选择应以暖色调为主，布艺质地要厚实。

图 3-36　同款家具，用不同颜色的布艺装饰会得到不同的视觉效果

思考题
(1) 玻璃艺术品包括哪些具体的内容？
(2) 艺术品与家具的组合形式有哪些？

居住空间的家具与陈设艺术

Chapter 4　Furniture and Furnishing Art of Living Space

著名建筑师路易斯·巴拉干曾说过："我相信有情感的建筑。"家居陈设作为住宅建筑空间中的一个重要组成部分，是完善居住环境，体现使用者的生活审美与情感依托的重要场所。居住环境的设计体现在其家具与陈设的布置上，通过各类形式的组合营造出居住环境的地域特色、人文精神与个性特色。

在功能上，家具与陈设满足了居住者日常的生活需求。在视觉上，家具与陈设利用不同的组合方式创造出不同的视觉效果，体现出空间层次的多元化与风格化。在情感上，家具与陈设也能展示居住者所期待的精神文化追求。陈设设计以建造自己的居住环境，追求物质环境与精神情感的协调为目标，将居住空间的人工环境与自然环境相协调。

第一节
居住空间的一般家具类型

一、门厅家具与陈设

门厅是从室外进入居室空间的首要区域，并且作为客厅的过度空间和缓冲区在功能上需要有遮挡视线、收纳物品、装饰美化的作用。门厅中需要有换鞋、放置衣帽、钥匙、雨伞等不宜直接带入室内物品的储存空间，因此可以设置储物柜、鞋柜、吊柜等。在门厅的设计中可采用实用功能兼装饰功能的隔断设计，可采用不同的材质，如玻璃、金属、木质、塑料甚至软装装饰品，可把隔断的上部设计为装饰空间，下部设计为储藏空间，同时适当加入艺术品或图案进行点缀。门厅包含的家具类型主要有鞋柜、椅凳、博古架、衣帽架、屏风、化妆镜等，如图4-1和图4-2所示。

图4-1　门厅的家具与陈设设计　　　　图4-2　门厅的收纳和椅凳设计

二、起居室家具与陈设

起居室即客厅，它是家人交流、团聚、会客、休闲、娱乐、阅读甚至是用餐的公共空间。起居室展示着主人的文化品位和生活水准，是居室空间的重要核心区域。作为核心区域，起居室通过走道可以进入室内其他功能空间。起居室的陈设主要由休闲区与影音区组成：休闲区放置沙发、茶几、桌子、柜子等，主要供人休息与交流；影音区放置电视、电视柜架、电视背景墙或投影墙，用来作为家人视听娱乐的环境。同时，这些电视柜、书柜、展示柜还可起到收纳空间的作用。起居室的陈设还包括各类窗帘、台布、地毯、灯饰等，与艺术品进行搭配形成温馨而舒适的室内氛围。起居室的整体设计如图 4-3 所示。

图 4-3　起居室的整体设计（沙发、茶几、灯饰、装饰画形成交流区域）

三、餐厅家具与陈设

餐厅是居住空间中主要的用餐环境，它是家人之间或亲朋之间沟通情感的场所，其根据布置方位可分为独立式、兼厨房、兼起居室几种不同的形式。在半封闭的餐厅中，利用隔断、酒柜或台阶的形式将厨房空间与餐饮空间进行分隔，形成用餐与制作食物的可交流区域，这样的设计是当下年轻人所喜好的模式之一。由于传统中餐的制作会产生大量油烟，因而在居住空间餐厅的设计中也有封闭厨房的形式。

餐厅中最主要家具是餐桌，餐桌一般是长方形或椭圆形的，搭配配套的餐椅（一般为四张椅子或六张椅子）。另外，餐厅中还有展示柜或酒柜，以及吧台、备餐台，满足备餐以及生活需求。餐厅的灯具通常采用吊灯，以创建立体空间感，温馨的暖色灯光可烘托气氛，并使食物颜色明艳。餐厅墙面通常利用艺术品进行装饰，以营造舒适的用餐环境。餐厅家具主要有餐桌、餐椅、酒柜、展示柜等，如图 4-4 和图 4-5 所示。

图 4-4　半敞开式区域的厨房与餐厅（餐厅家具及陈设设计简洁、现代化）

图 4-5　居住空间中的小餐厅设计（墙面镜面可加大空间的进深感）

四、厨房家具与陈设

厨房是烹饪的环境，操作台与走道共同构成厨房的主要空间。现代化的整体厨房是一种从封闭式逐渐走向开放式的空间形态，与餐厅空间的界线也日益模糊。随着生活水平的进步，厨房除了做饭以外，也是与朋友交流的良好环境。厨房成为居住空间中一个重要的区域，是当下很多人享受生活的一个空间。厨房家具设施有洗涤台、操作台、炉灶、储藏柜、冰箱等，厨房的合理布局能够提高劳动效率，所以需要紧凑的空间与陈设设计。另外，厨房应采用风力大的抽油烟机、易清洁的墙砖、方便的收纳垃圾筐、适宜储存的组合柜等。操作台根据厨房面积大小通常采用 L 形、U 形的布局。厨房内的家具一般主要有橱柜作业台、地柜、吊柜、餐具架、食品架、调味品架等。敞开式厨房及吧台设计如图 4-6 所示。

图 4-6　敞开式厨房及吧台设计

五、主卧室家具与陈设

主卧室是睡眠、休息的空间，是最具隐私性的空间。主卧室的主要功能是提供良好的睡眠环境。为营造温馨舒适的睡眠环境，主卧室色调不宜明亮，窗帘、床单等织物应配合室内环境采用典雅、纯净的花饰，灯具选择柔和的暖色整体照明，可以在床头提供明亮的局部照明以满足不同活动的需要。主卧室家具提供了休憩功能，床是主卧室家具中的主体。梳妆台和衣柜等可满足居住者日常生活的需要。主卧室通常会附带一个卫生间和生活阳台，可相应配置一些植物。主卧室家具主要有双人床、床头柜、梳妆台、躺椅、衣柜、电视柜等。带有敞开式卫生间的主卧室设计如图 4-7 所示。

图 4-7　带有敞开式卫生间的主卧室设计

六、次卧室家具与陈设

除了主卧室以外的卧室统称为次卧室，其一般可以作为提供给客人暂时入住的场所，或是老人房、儿童房、保姆房等。次卧室同样要满足一般卧室所具有的功能，床与床头柜、衣柜、储藏柜和书桌是必要的家具。相对主卧室的功能，次卧室一般家具与陈设较为简洁，其中老人房里的家具应该突出无障碍性，并放置沙发、躺椅供休闲之用。次卧室家具与陈设设计如图4-8和图4-9所示。

图4-8 次卧室的家具与陈设设计（一）　　　图4-9 次卧室的家具与陈设设计（二）

七、儿童房家具与陈设

儿童房家具的设计要注意到孩子的不同成长阶段所需要的不同家具类型。在功能上，从早期的启蒙教育功能、独立的学习生活功能，家具需要随着孩子的身体发展同步改良，特别注意应在家具与室内环境中预留发展空间。儿童房主要有休息区、游戏区、学习区、储藏区几部分。儿童房的陈设不宜设置有棱角和坚硬的家具与材质，可根据儿童的性别和喜好，采用生动的家具造型，使室内环境富有朝气。在0~3岁期间，可采用摇篮或小的儿童床，避免棱角，添加有启蒙作用的彩色图案以启发孩子对色彩和物品的初步认识。4~6岁期间，可根据儿童的性别来设置游戏空间，使孩子智力与活动能力得到进一步的提升。一般来说，男孩子喜欢蓝色、黄色和绿色，而女孩子明显更喜欢粉色和白色。在儿童房可增设小型游戏区、玩具架、收纳柜等。7~12岁期间，孩子的夜间照明显得十分重要，因为这个时期儿童做作业和读书的时间较多，学习桌与书架上应有护眼灯等适当的设施。儿童房家具与陈设设计如图4-10和图4-11所示。

图4-10 小女孩房间中的家具及陈设设计　　　　图4-11 小男孩房间中的家具与陈设设计

八、书房家具与陈设

书房是用来阅读和工作的空间，它也兼具休闲、会客等功能。书房家具主要有书架、写字台或工作台、沙发、座椅等。电脑桌通常与工作台结合使用。一般书房家具的款式、质感、窗帘等都应反映出书房的宁静氛围。另外，可以用绿植来搭配营造稳重素雅的气氛。书房的陈设可以选择通过字画、木雕、玻璃等工艺品来营造。书房家具与陈设如图 4-12 和图 4-13 所示。

图 4-12　书房家具及陈设（一）　　　　图 4-13　书房家具及陈设（二）

九、卫生间家具与陈设

卫生间的设计已成为现代居住环境的重点。卫浴在朝着浴厕分离、干湿分区的形式发展的同时，还增加了衣帽间、更衣室等空间的贯通。具体的卫浴设施也日趋专业化，如安装淋浴房，可以采取玻璃隔断、推拉门或安装浴帘的方式，让其他区域保持干爽。卫生间的灯具一般选用防水防雾的，或购买三合一带灯的浴霸。洗手台上方应安装镜前灯。电灯开关及插座应采用防水型的。卫生间还应设有排风扇。

卫生间中的家具主要有洗手台、毛巾架、吊柜、镜子、镜前灯、置物架、坐便器（或便池）、浴缸、整体浴室等，如图 4-14 和图 4-15 所示。

图 4-14　浴室中的家具与陈设设计　　　　图 4-15　浴室梳妆台与盥洗台的结合设计

十、阳台的家具与陈设

阳台是居住空间中的室外交流、活动的空间，也是居家晾晒衣物、种植、养殖的功能性场所。阳台可分为生活阳台和服务阳台，包括凸阳台、凹阳台、露台等几种不同的形态结构。生活阳台大多南向，可进行晾晒衣物、种植蔬菜花草、休憩、阅读、喝茶等活动，如果面积较大还可进行健身活动和景园的营造。服务阳台大多北向，通常用来放置杂物、食品、礼品等。冬天的室外阳台是天然的冰箱，其他季节里室外阳台也比室内更通风透气，因此常设置小型的储物架或储藏柜。有的北向阳台还能与厨房空间进行组合，成为厨房空间的延伸，用来种植一些调料类植物，如辣椒、葱、蒜等。阳台上的家具主要有躺椅、茶几、微型书柜、植物架、晾衣架、储物柜、花架等。阳台的设计如图4-16至图4-18所示。

图4-16　室内凹阳台中的植物配置　　　图4-17　面积较小的凹阳台的设计　　　图4-18　凸阳台的设计

第二节
居住空间陈设艺术风格

室内陈设风格早期作为建筑的从属部分，是随着建筑风格而发展起来的，直到洛可可时期，室内装饰才从建筑装饰中分离出来。居住空间的艺术风格主要分为欧式风格、传统风格、现代风格、后现代风格、自然风格、混合风格等。其中传统风格又分为欧式传统风格、中式传统风格、日式传统风格、东南亚传统风格等。下面介绍一些较为典型的居住空间陈设艺术风格。

一、欧式风格

欧式风格分为传统欧式风格、北欧风格、简欧风格。它是居住空间中运用较为广泛的一种风格。传统欧式风格又分为仿古罗马风格、哥特式风格、巴洛克风格、洛可可风格、新古典主义风格等。欧式风格继承了古希腊和古罗马的建筑形式，形成了柱式、拱券、山花、门廊、雕塑等构造。欧式居室不仅豪华大气，而且惬意与浪漫并存。欧式居室通过线条的围合形成墙面的不同装饰块面，同时点缀山花及布艺细节以达到和谐与舒适的空间效果。欧式风格的室内设计如图4-19和图4-20所示。

图4-19　欧式风格的客厅设计　　　　　　　　图4-20　欧式风格的餐厅及卧室设计

二、巴洛克风格

巴洛克风格兴起于文艺复兴末期,受到文艺复兴的人文思潮影响,室内空间强调个性与动感,线形的流动变化较多,并采用复杂的墙线进行装饰,图案有涡卷饰、莨苕纹饰等。装饰界面可进行大面积的雕刻、金箔贴面、描金涂漆等处理。在家具的选择上追求富于变化和动感,沙发多使用华丽的布面及外观精致的雕刻,造型高贵。巴洛克风格的整体空间一般会使用较昂贵的材料进行装饰,豪华艳丽的效果是巴洛克风格的特色。巴洛克风格的室内设计如图 4-21 和图 4-22 所示。

图 4-21 巴洛克风格的卧室设计　　　　图 4-22 巴洛克风格的居住空间设计

三、洛可可风格

洛可可风格是继巴洛克风格后发展和兴盛起来的,反映的是法国路易十五时代宫廷贵族细腻柔媚的生活趣味。其通常采用不对称手法,以贝壳、旋涡、山石作为装饰题材,使用不均衡的轻快、纤细的曲线,卷草舒花,盘曲绵延,连成一体。洛可可风格尽量回避直角、直线和阴影,天花和墙面有时以弧面相连,转角处布置壁画;墙面为浅色,线脚大多用金色;护壁板使用木板或精致的框格,中间常衬以浅色东方织锦;极致的装饰,绚丽的色彩,构成了富丽华贵的风格效果。洛可可风格的室内设计如图 4-23 所示。

图 4-23 洛可可风格的主卧室及卫生间

四、新古典主义风格

新古典主义风格大致产生于 18 世纪 50 年代到 60 年代初之间，起因于建筑师希望重振古希腊、古罗马的艺术，对当时建筑进行挽救。新古典主义风格的室内陈设设计由简到繁、从整体到局部，精雕细琢，一丝不苟。一方面，保留了传统欧式风格中所青睐的材质与色彩；另一方面，摒弃了过于复杂的肌理和装饰，简化了设计中的线条。此外，在陈设设计中继承了巴洛克风格豪华多变的视觉效果，吸取了洛可可风格唯美律动的细节处理，显得更加简洁大方。新古典主义风格的室内设计如图 4-24 所示。

图 4-24　新古典主义风格的卧室

五、北欧风格

北欧风格源起于 20 世纪初期，以简洁著称，并影响到后来的极简主义风格、后现代风格等风格。在 20 世纪盛行的"工业设计"潮流中，北欧风格的简洁被推到极致，室内的顶、墙、地六个面，完全不用纹样和图案装饰，只用线条、色块来区分和点缀，强调室内空间的通透，最大限度地引入自然风光。北欧风格通常运用自然界中的材质和元素，如采用木材、石材、铁艺等进行装饰与陈列，在设计时多考虑与自然的紧密结合。北欧风格的室内设计如图 4-25 和图 4-26 所示。

图 4-25　北欧风格的客厅设计

图 4-26　北欧风格的餐厅设计

六、简欧风格

简欧风格与北欧风格有着明显的不同。简欧风格保持了欧式风格的特色，相比欧式风格，简欧风格更加现代化，其取代了传统的奢华感，线条与装饰更加简化，具有更强的实用性与多元化特点。简欧风格多以象牙白为主色调，整体空间以浅色为主、深色为辅。家具讲究对称布局，门套造型多为方形和圆形。少量的描金、雕花、曲线的流动感仍然能够体现在装饰中，传递出华贵的质感。简欧风格的室内客厅设计如图4-27所示。

图 4-27　简欧风格的室内客厅设计

七、中式传统风格

中式传统风格以明清古典传统家具及园林设计为代表，对称、大气，具有丰富的文化内涵。设计中多表达"和"与"雅"的理念，并结合当代人的审美需求，形成一种传统风格特色。中式传统风格以木材为主，重视横向布局，讲究方正、对称，整体格调高雅，造型朴素，色彩厚重。利用传统的家具搭配字画、盆景、陶瓷、古玩、屏风等中式装饰品，塑造文雅的生活意境。中式传统风格整体风格古朴大气、稳重优雅，细节上则展现出自然情怀。中式传统风格的室内设计如图4-28和图4-29所示。

图 4-28　中式传统风格的卧室设计

图 4-29　中式传统风格的洗手间设计

八、新中式风格

新中式风格是基于中国传统文化基础上的现代设计，其在美学的基础上对传统元素进行简化与加工，并融入现代感的设计元素。新中式风格的整体效果更具时尚感，在陈设设计肌理、质感方面更具现代特色。其既保留与延续了中式风格的气息，又融入了现代家居设计中的时尚元素；材质仍以木质为主，搭配石材、不锈钢、玻璃等材料；空间色彩以棕色和深色调为主；利用瓷器、国画、手工艺品等作为装饰；墙面的装饰多采用简洁、硬朗的直线条，使装饰风格简单化，富有现代感；选用的中式家具一般追求内敛、质朴的设计风格，反映现代人追求简单生活居所的目标。新中式风格的室内设计如图 4-30 所示。

图 4-30 新中式风格的室内陈设设计

九、日式风格

日式风格又称和风、和式，源于中国唐代。日本人学习并延续了中国初唐低床矮案的生活方式。私人空间多使用榻榻米、杉板、推拉门等日式传统元素。居室讲究空间的流动性与通透性，寂静中带有禅意。

1. 传统日式风格

传统日式风格运用大量的自然材料（如榻榻米、半透明樟子纸、天井以及原木、草席、插花等）进行陈设。这样的设计方式能够产生简洁、恬静、素雅的感官体验，清新淡雅、禅意无穷。传统日式建筑主体空间的流动性、通透性以及极致的空间利用能够在一定程度上缓解环境狭小所带来的压迫感。墙面涂料大多以简洁质朴的白色为主，辅以原木色。传统日式风格重视实际功能，空间多由规整的直线构成，具有宁静的感官感受。其运用大量的杉板、推拉门等元素，体现空间的通透性，同时穿插借景的庭院设计，形成室内外融为一体的统一性、流动性。传统日式家具大多为木质，造型低矮，方直但精致；窗帘和灯饰以温暖的黄色为主，利用颜色少的特性体现空间的高雅与宁静。

2. 现代日式风格

现代日式风格多运用原木、白墙、和纸、木格推拉门等元素，体现了现代与传统的融合，保持禅意且融入现代气息。现代日式风格强调设计的单纯性和抽象性，运用几何学形态要素规整平面，避免物体和形态的突出，取消装饰细部来体现空间的本质。储藏空间通常藏于推拉门内，与墙融为一体，使整个空间看起来开阔干净。现代日式风格将禅风的精神融入空间设计中，整体设计风格贴近生活，使人体验到居室应有的舒适感与减压感。

现代日式风格的室内设计如图 4-31 所示。

图 4-31　现代日式风格的室内设计

十、东南亚风格

东南亚的地理特点和文化发展特色促进了其空间特色的整合与交融。东南亚文化的变迁主要受到西方文化的冲击，同时华人迁居东南亚带入了中国文化，使其具有了东方性。东南亚地处热带地区，气候闷热潮湿，因此东南亚风格的装饰喜欢用夸张艳丽的色彩，冲破视觉的沉闷，普遍具有大自然的色彩与气息。

东南亚风格具有源于热带雨林的自然之美和浓郁的民族特色。在家具与陈设设计中广泛地运用木材等天然材料，如藤条、竹子、石材、青铜、黄铜等，空间色彩以原木色调为主，或为褐色等深色系，局部采用一些金色壁纸、丝绸质感布艺进行装饰，并利用灯光的变化增加空间的豪华感。家具的设计以营造清凉舒适的感觉为主，所以简单耐用。为避免家具的单调气息，布艺装饰的色彩较艳丽。东南亚家具逐渐融合了西方的现代概念和亚洲的传统文化，通过不同的材料和色调搭配保留了自身的特色。东南亚风格的室内设计及陈设如图 4-32 至图 4-35 所示。

图 4-32　东南亚风格的餐厅　　　　　图 4-33　东南亚风格中藤条编织的餐椅

图 4-34　东南亚竹编椅　　　　　　　图 4-35　东南亚风格家具陈设

十一、地中海风格

地中海是古埃及、古希腊、古罗马的文明摇篮，地中海是重要的贸易中心，拥有 17 个沿岸国家，拥有良好的自然环境，蓝天、大海、白墙、成片的花田，以及明亮的色彩和历史悠久的古建筑成为地中海环境空间的主要特色。

地中海风格的特点是富有浓郁的人文风情和艺术气质的空间形态。流畅的圆弧形拱门、马蹄形窗，体现出空间的通透性。开放式房间功能分区，体现出自由精神的内涵。室内陈设多搭配梦幻色彩的软装，体现地中海风格的浪漫气息。地中海风格的主色调多选用蓝、白两色，巧妙运用自然光线，体现室内空间与室外空间的内在统一。室内一般放置较低矮的家具，如休闲椅、宽松的沙发、矮茶几等。墙面装饰采用瓷砖、马赛克以及贝壳类的拼花点缀，其拼贴设计结构紧凑、浑然天成。在植物的摆放上与家具搭配精益求精。墙面以白色为主，多为自然涂刷的拉毛处理效果，整体营造了一种清新、异域的环境特色，给人以舒适的情感体验。地中海风格的室内设计如图4-36 所示。

图 4-36　地中海风格的室内设计

十二、美式风格

美式风格是一种兼容并包的风格。美国人综合了欧洲文化的精华与自身文化的特点，最后衍生出独特的美式家具风格。美式风格可分为传统美式风格与美式乡村风格。

1. 传统美式风格

传统美式风格主张自由不羁的生活方式，棕色的实木家具具有粗犷大气的历史感。传统美式家具利用图腾文化装饰，如大象、大马哈鱼、狮子、老鹰等。用材多为实木，如桃花木、樱桃木、枫木及松木。一些传统美式家具往往做旧处理，使家具具有古朴的厚重感。传统美式家具以稳重优雅的黑色、暗红色、褐色为主色调，加上黑色、白色和浅木色等颜色的配饰，增加了空间的通透性。传统美式风格的室内设计如图 4-37 和图 4-38 所示。

图 4-37　传统美式风格的室内设计（一）　　　　　图 4-38　传统美式风格的室内设计（二）

2. 美式乡村风格

美式乡村风格主要源于 18 世纪拓荒者居住的房子。其室内空间自然质朴，兼具古典主义的优美造型与新古典主义的功能配备，既简洁明快，又温暖舒适。

美式乡村风格强调"回归自然"，摒弃了烦琐和奢华，以享受为最高原则，设计突出生活的舒适和自由，色彩以绿色、土褐色等自然色为主，常用纯纸浆质地的壁纸。家具式样厚重，体积庞大，但自然舒适，风格较为简洁，充分显现了乡村的朴实。材料主要使用可就地取材的松木、枫木，利用其原始的纹理和质感，展现了美式乡村风格的原始、粗犷的特色。布艺运用各种繁复的花卉植物纹饰图案，同时喜用小碎花布、野花、盆栽、小麦草、水果等自然植物装饰增添生活气氛，家庭生活的温馨氛围在简洁大方的装饰陈设中得以充分体现。美式乡村风格家具及陈设设计如图 4-39 所示。

图 4-39　美式乡村风格的家具及陈设设计

第三节
居住空间陈设艺术品分类

从表面上看，居住空间陈设能点缀空间且丰富视觉体验。从实质上看，居住空间陈设也能表达精神思想并烘托居住氛围。从功能上看，居住空间陈设可分为两大类型：一类偏向实用性需求；另一类偏向装饰性功能。

一、居住空间中的实用性陈设品

居住空间中的实用性陈设品（见图 4-40 和图 4-41）主要指具备使用价值与装饰价值的陈设品，实用价值是其主要价值，例如家具、灯具、书籍、钟表、工艺品、织物、家用电器等。

图 4-40 床上用品成为一种特别的实用性陈设品　　　　图 4-41 颜色统一的灯具和坐垫

室内家具首先以实用而存在，实用性家具包括坐卧类家具、储存类家具和观赏类家具。家具除了满足使用功能之外，还具有组织空间的作用，即通过围合可造就不同的空间关系，利用家具的摆放，无形中会引导使用者的居住方式与活动范围，同时家具的外形、质地等直接影响了室内的风格，反映出居住者的文化背景与审美诉求。

灯具在室内陈设中主要起着照明的作用，灯具的种类主要有吸顶灯、吊灯、地灯、嵌顶灯、壁灯、台灯等。人工光的照明方式可分为直接照明、间接照明、半直接照明、半间接照明、扩散照明等。直接照明的亮度大，并有强投影与眩光；间接照明的光感弱，无眩光；漫射照明光亮低于直接照明，但改善了投影与眩光。暖色的灯光可以烘托出温馨的环境氛围，而冷色的灯光会创造出冷静与严肃的氛围，多彩的灯光会使环境产生活泼灵动的气氛。灯光的照明也能够起到突出主体物、营造光影效果的作用，其灯具的陈设也能活跃室内气氛。

织物包括窗帘、帷幔、门帘、床罩、沙发罩垫、台布、地毯、壁挂等，除了实用功能外，它们还能够柔化空间，美化环境，提升居住空间的审美品位，并使空间完整化。利用织物的视线阻隔作用可对室内空间进行划分，例如窗帘阻隔室内与室外的视线及光线。此外，织物还具有防尘、统一室内色彩的作用。

二、居住空间中的装饰性陈设品

装饰性陈设品是指自身没有实用功能，纯粹作为观赏的陈设品。装饰性陈设品具有精神价值，如书画、雕塑、照片墙、植物等。它们是室内环境格调的标志和居住者文化素养的体现。雕塑既能点缀环境，又能在一定条件下起到空间过渡的作用，特别是木雕可以增加空间的天然元素，而陶瓷雕刻能够提高室内的历史文化特色。绘画作品能增加居住空间墙面的亮点，可配合室内的装修风格与个人爱好进行配置（见图 4-42）。小型画框或相框可作为日常生活的点缀和丰富空间的功能进行摆设，同时它们也可组成大面积的背景墙，展现家庭的凝聚力，如图 4-43 所示。绘画作品具有构成趣味中心、丰富空间内容以及提高整体文化品位的作用。

图 4-42　次卧室空间中的装饰画　　　　图 4-43　客厅中的相框、工艺品陈设

绿色植物在室内空间中具有特殊装饰效果，能使人感到身心愉悦，如图 4-44 所示。绿色植物也可以引导空间、分隔空间。当下，观赏植物种类繁多、样式纷繁，如吊兰、盆景、插花、微型景观等。绿色植物能够丰富室内空间的陈设设计，形成立体的设计效果，弥补平面墙的空缺感和单调感。居室内常用的观叶植物有常春藤、龟背竹、紫色炸酱草、幸福树等。

图 4-44　植物在居住空间中所起到的点缀艺术效果

陈设艺术设计本身是一个开放的系统，在新的技术与意识观念的冲击下不断地更新拓展，而其内涵与精神则是民族形式的灵魂所在。因此，要使居住空间的陈设设计得到更大的发展，必须了解各类空间的设计风格，在理解的基础上取其"形"，延其"意"，从而传其"神"，并且还需要将传统符号的造型方法与表现形式运用到现代家具设计的理念中，同时还要体现民族风格。

思考题

（1）日式风格的居住空间设计有何种特色？

（2）儿童房的家具与陈设设计需要注意哪些问题？

第五章

办公空间的家具与陈设艺术

Chapter 5　Furniture and Furnishing Art of Office Space

第一节

办公空间家具的一般类型

　　办公家具是日常工作和社会活动中为办公者配备的实用型家具。现代化办公家具的外观多简洁而具有个性。在用材方面，办公家具以实木、真皮、布料、塑料为主，有些办公家具则采用多种材料结合制作而成。办公家具的一般类型有办公座椅、办公桌、储物柜、隔断等。

一、办公座椅类

　　办公座椅狭义的定义是指人在坐姿状态下进行桌面工作时所坐的靠背椅，广义的定义为所有用于办公空间的椅子，包括会客椅、职员椅、会议椅、访客椅、培训椅等。

　　办公座椅是创造一个良好的舒适的办公空间的主要前提条件。办公座椅的适合与否直接影响到工作人员的办公效率。在不同功能的办公区域选用的办公座椅应有所差别。例如，职员办公座椅一般比接待区的座椅舒适要求程度更高，因为接待区的座椅用于接待客户或来访者时使用，通常不会长时间使用，而职员办公需要长期长时间坐在桌前，若座椅舒适程度不够，会影响到职员的办公效率和心情。会议室的座椅应该依据会议室的空间大小设置，并与会议桌风格相匹配，此外还要考虑到参会人数多少的问题。

1. 以材料组成来分类

　　办公座椅的分类从材料组成上来看，可以分为皮质办公椅、木质办公椅、布面办公椅、网布办公椅、塑料办公椅等。

　　1）皮质办公椅

　　真皮类办公椅具有良好的柔软度和色泽，多用在高层领导办公室，以彰显企业品位和领导人的身份。皮质办公椅（见图5-1）以其高贵的气质与舒适性赢得高层管理人员的青睐。

图5-1　现代办公空间中常用的几种皮质办公椅

　　2）木质办公椅

　　木质办公椅是采用天然木材制作而成的办公椅，其最大优点在于浑然天成的木纹与变化的色彩。现代木质办公椅常以木材制作椅子骨架，用真皮与海绵类柔软型材料铺设椅座面与靠背，以增加其舒适性，如图 5-2 至图 5-4 所示。

图 5-2　天然环保、纹理自然的布艺座面木质办公椅　　　　图 5-3　构造简约、座面舒适的木质办公椅

图 5-4　办公空间前台设置的木质办公椅

3）布面办公椅

布面办公椅（见图 5-5 至图 5-7）指的是以海绵、织物为主要材料的办公椅。布面办公椅常常是由布面材质或其他纺织材质与金属或塑料一起制作而成的，其中金属或塑料用来制作座椅骨架和扶手，布面或纺织材质用于制作座面和靠背饰面。为了座面和靠背更加柔软舒适，通常在饰面层下铺设一层海绵。

图 5-5　色彩鲜艳的现代简约型布面郁金香椅与造型典雅的布面橙片椅

图 5-6　某公司办公室中的布质办公椅　　　　图 5-7　北京某科技公司的布质办公椅

4）网布办公椅

网布办公椅（见图 5-8）采用网布为面料，透气性比较好，且简约舒适。网布办公椅与布面办公椅一样，一般由网布与金属或塑料材质结合制成。

图 5-8　与金属材质结合制成的网布办公椅

5）塑料办公椅

塑料办公椅（见图 5-9 至图 5-11）是指以塑料为原材料制成的座椅，大部分塑料椅都是与金属材质结合生产出来的。塑料具有模拟各种天然材料质地的特点，且易于着色与变形，因而成为许多现代设计师设计椅子时的首选材料。现代塑料办公椅因其造型简洁、形式多样、色彩丰富、制作工艺简单而受到普遍喜爱。

图 5-9　形式多样的塑料办公椅

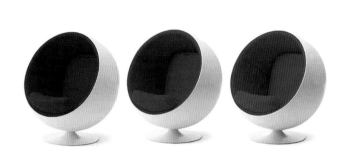

图 5-10　芬兰设计师 Aarnio 设计的塑料与布料相结合的球椅　　　　图 5-11　某办公空间中的塑料潘顿椅

2. 以使用类型来分类

从办公空间座椅的使用类型来看，可以分为职员椅、老板椅、会议椅、接待椅、休息椅等。

1）职员椅

职员椅（见图 5-12）是放置于办公空间中供员工使用的座椅。职员椅的大小应根据办公空间的大小与公司职工数量而定。其形式则根据办公性质而定：如果办公性质属于需要与同事交流，则应选择可移动式办公椅，即座椅底部安装了轮子，方便移动；如果办公性质属于那种研究性工作或独立性较强的工作，则选择固定式座椅会比较有利于提高办公效率。

图 5-12　底部安装有滑轮的职员椅，方便办公时同事间的沟通和交流

2）老板椅

老板椅（见图 5-13 和图 5-14）主要是被公司或企业里的领导级人物使用的，因此首要标准是坐得舒服，好的老板椅甚至还要求腰和头靠得舒服。老板椅也是一种形象和身份的体现，因此一般体量较大。

图 5-13　形式厚重、做工精致的老板椅　　　　图 5-14　办公室中极富现代感的老板椅

3）会议椅

会议椅（见图5-15和图5-16）又称会客椅，顾名思义就是人们在工作期间开展会议时用到的一种家具，可分为实木类、曲木类、钢木类和塑料类。会议往往与公司重大事件相联系，如商务洽谈或通告公司内部决策等，因此会议椅是代表公司形象的一类家具。

图5-15　各种不同形式的会议椅

图5-16　现代办公空间中形式特别的蛋形会议椅

4）接待椅

接待椅（见图5-17和图5-18）是用来接待客户时所使用的椅子，位置大多在企业入口处，在一定程度上代表着公司的形象，因此，在形式与功能方面应根据所在空间的特色而设计。处于公司入口处的一个敞开式空间中的接待椅一般是具有一定艺术品位的精品椅子，如注塑椅；而在一个封闭式的接待室内，则通常选择布艺沙发类或比较厚重的座椅类型作为接待椅。

图5-17　形式多样的接待椅

图5-18　某办公总部前台接待空间中的接待椅

5）休息椅

休息椅（见图5-19和图5-20）一般置于办公空间内一块比较宽敞的空间中。在休息时，员工都处于比较放松的状态，不希望被老板或者客户看到，因此休息椅与办公椅应有明显差别，舒适度要求较高，形态变化更为丰富，尺度也有所变化，利用曲线设计的休息形态较多。

图5-19　办公空间中种类多样的休息椅

图5-20　某办公空间中的休息椅

3. 以可活动性来分类

从办公椅的可活动性来看，可以分为可调节办公椅和不可调节办公椅。可调节办公椅即椅座或椅背可调节或可移动的办公椅，主要有转椅、升降椅、可移动椅；不可调节办公椅即椅背、座面等均不可调节或移动的办公椅，主要有凳子、固定沙发等类型。

1）转椅

转椅（见图 5-21）是办公椅中常见的一种椅子，座面可水平方向转动，通常由头枕、背、椅坐、扶手、支撑杆（气杆）、转轴、五爪、爪轮子组成。经理室或主管室内配置的转椅通常采用真皮和木材为主要材料，而职员办公室中配置的一般是布面办公转椅或塑料办公转椅。

2）升降椅

升降椅（见图 5-22）是可自动调节高度的椅子，能满足不同高度办公的功能需要。大部分升降椅座位面也可水平方向转动，因此也属于转椅。

图 5-21　塑料转椅、网布转椅、皮质转椅　　　　图 5-22　可升降的塑料椅（座面为纯塑料，
　　　　　　　　　　　　　　　　　　　　　　　　　　座面下由金属支架支撑）

3）可移动椅

可移动椅（见图 5-23）是椅子底部安装有滑轮，人坐在上面可进行自由移动的座椅，由于其灵活性佳，被广泛应用于现代办公空间中。有些可移动椅同时也是转椅或升降椅，具有较强的可调节性。

4）凳子

凳子（见图 5-24）是办公椅中较简单的一种坐具形式，用料简单，体积较小。由于其无靠背和扶手等特点，长时间坐在上面会让人产生疲惫的感觉，因此其通常用于需临时就座或空间较小的办公环境中。

图 5-23　各种网布饰面的可移动椅　　　　　　图 5-24　造型简洁的现代凳子

5）固定沙发

固定沙发（见图 5-25 至图 5-27）是一种装有软垫的多座位椅子，一般是装有弹簧或厚泡沫塑料等的靠背椅，两边有扶手，属于软装家具中的一种。从材质上来看，主要有皮沙发、布艺沙发、曲木沙发和藤制沙发这四类。办公空间中一般配置皮沙发或布艺沙发。

图 5-25　形式简洁的网布与金属结合而成的沙发

图 5-26　某办公总部休息室的皮沙发

图 5-27　某办公室中的固定沙发

办公椅标准尺寸参数如表 5-1 所示。

表 5-1　办公椅标准尺寸参数

参数名称	男	女
座面高度	41～43 厘米	39～41 厘米
座深	40～42 厘米	38～40 厘米
座面前宽	40～42 厘米	40～42 厘米
座面后宽	30～40 厘米	38～40 厘米
靠背高度	41～42 厘米	39～40 厘米
靠背宽度	40～42 厘米	40～42 厘米
靠背倾斜度	98°～102°	98°～102°

二、办公桌类

办公桌即人们在办公时所使用的桌子。

1. 以材料组成来分类

从材料组成来看，办公桌主要分为钢制办公桌、木制办公桌、钢木结合办公桌等。

1) 钢制办公桌

钢制办公桌（见图 5-28）是主要采用钢材制作的办公桌，其承重性好，给人高档大气的视觉效果。钢制办公桌的主要框架是经过酸洗、脱脂、磷化等多道工序处理后的钢材，桌面板材一般为人造板。高档办公桌的桌面也会采用玻璃材质，然后配上五金配件，彰显简洁、大方。

图 5-28　简单时尚的现代钢制办公桌

钢制办公桌的特点如下。

（1）承重性好。钢制材料硬度高，支撑性强，因此钢制办公桌具有承重、承压性好的特点，除了普通的电脑显示器重量外，桌面还可摆放小型的文件柜。

（2）经久耐用。钢制办公桌表面经过特殊处理，耐刮、耐划且防腐性强，较木质办公桌更换周期更长，从而节省更换成本。

（3）外观简洁。钢制办公桌造型流畅，结构结实，拆装方便，利于运输。

（4）维护方便。钢制办公桌因其光滑耐磨的材质特点而容易保养，用柔软的布擦拭表面即可。

2) 木制办公桌

木质办公桌（见图 5-29）的优势之一便是质感较好，不管是视觉上还是触感上都会让人觉得跟一般材质的办公桌明显不同。全实木办公桌是现代化办公空间中应用广泛的一种，其制作材料全部采用没有经过再次加工的天然原木，桌面、抽屉的门板、侧板等均采用纯实木制成，对制作工艺及材质处理要求很高。

图 5-29　会议室中的实木会议桌

全实木办公桌的特点如下。

（1）天然环保。全实木办公桌的主要材料为天然原木，对人体完全没有危害，而且其在加工制作过程中较少使用胶水，环保性能大大高于板材类办公桌。

（2）保值功能。全实木办公桌表面一般能看到天然形成的木质纹理，非常美观，能给办公空间带来大自然的气息，同时也是一种身份和尊荣的象征，因此深受公司的高层人员欢迎。

（3）使用寿命长。一般能够使用 15～20 年，是其他板式家具的 5 倍。

3）钢木结合办公桌

钢木结合办公桌（见图 5-30），又简称为钢木办公桌，其狭义的理解就是以钢材和木材为原材料制成的办公桌。随着现代家具制造业的创新与发展，钢木结合办公桌的概念得以扩展，钢材和其他材料搭配制作而成的桌子也可称为"钢木桌"。特别是在现代化的办公空间中，钢化玻璃与不锈钢相结合的办公桌和其他仿木材质与钢材相结合的办公桌都被统一称作钢木结合办公桌。

图 5-30　十字形钢木结合办公桌和一字形钢木结合办公桌

2. 以使用类型来分类

从办公桌的使用类型来看，主要分为主管台或接待桌、职员办公桌、总经理办公桌、会议桌、大班台、茶几等。

1）主管台或接待桌

主管台或接待桌，又称为前台（见图 5-31 和图 5-32），一般置于公司的入口处，是进入公司给人们留下的第一印象，代表着公司的形象。

图 5-31　香港凤凰卫视前台办公桌与办公空间
整体风格相协调

图 5-32　某制药公司办公前台与公司前厅设计
风格一致，并搭配北欧原创的蛋形椅

2）职员办公桌

职员办公桌包括单个办公桌和组合式办公桌，其中现代化办公空间中最典型的一种职员办公桌即屏风办公桌。

屏风办公桌又可称为隔断办公桌，是将办公桌通过屏风分隔成不同的区域，其设计注重人性化，能够让办公人员拥有自己的私人空间。屏风办公桌是由屏风和办公桌组合而成的一个整体，其形式组合越来越多地运用于办公室空间中，既节约空间又实用，受到现代职场人士的喜爱。

按组合方式的不同，屏风办公桌一般分为以下五种形式：T形屏风办公桌、十字形屏风办公桌、一字形屏风办公桌、120°屏风办公桌、F形屏风办公桌等，如图5-33和图5-34所示。

图5-33　T形屏风办公桌、十字形屏风办公桌与一字形屏风办公桌

图5-34　120°屏风办公桌与F形屏风办公桌

屏风办公桌的特点如下。

（1）节约空间，适合空间面积较小的办公区。

（2）组合形式灵活，可根据实际办公需求来选择合适的规格搭配，有双人屏风办公桌、四人屏风办公桌、六人屏风办公桌等组合形式。

（3）可减少干扰，提高员工的工作效率。

（4）设计简洁时尚，使办公环境整齐统一（见图5-35）。

3）总经理办公桌

总经理办公桌（见图5-36）的一个重要形式便是班台。班台是古代一种显要的官职，有司马、司空、司徒三台之说，后来发展成班台，成为达官的象征，以至于官员用的大案台也称为班台。现在班台主要是指高官（或高管）用来办公的办公桌。由于都是行政高官或企事业单位的高管用办公桌，班台设计规格都朝向大且气派的方向发展。一般来说，其长度达到1.8米左右，配置标准需与总经理身份相符合，大小也应根据办公室的大小来决定。

图5-35　某公司中一字形屏风办公桌

图5-36　总经理办公桌

4）会议桌

会议桌（见图 5-37）一般用于会议室中，有多种形状可供选择，如矩形样式、椭圆形样式、U 形样式、圆形样式等。

图 5-37　木质 U 形会议桌和圆形的玻璃会议桌

会议桌常规尺寸如下。

小型会议桌：1 800 毫米×900 毫米×750 毫米、2 400 毫米×1 200 毫米×750 毫米。

中型会议桌：2 800 毫米×1 400 毫米×750 毫米、3 200 毫米×1 500 毫米×750 毫米。

大型会议桌：3 600 毫米×1 600 毫米×750 毫米、4 200 毫米×1 700 毫米×750 毫米、4 600 毫米×1 800 毫米×750 毫米。

会议桌的样式及大小应根据公司的规模、形象和会议室空间的大小来选择。大型公司的会议室一般也会比较宽敞气派，因此配置高端会议桌与其形象气质相符合，如大型实木会议桌；小规模公司的会议室大小一般不会很大，可以适当地选择中低档会议桌，如中小型板式会议桌。

三、储物柜类

储物柜类办公家具是办公家具中不可或缺的重要组成部分，承担的主要任务是对办公文稿及办公物品进行有效的收纳。它不仅具有一般意义上的储藏职能，还应考虑使用的便利性，以保证办公的质量与效率，因此储物柜类的办公家具还包含了管理职能。

储物柜类办公家具按其用途来看，可以分为书柜、档案柜、吊柜等类型。

1. 书柜

书柜（见图 5-38）的主要用途是收藏书籍，书柜通常因为立面较大而依墙设置。有时，书柜也可用来进行空间分隔。书柜的设计要符合人体工学的原理，应设置不同高度的框格，以适应各种尺寸的书籍的摆放。办公书柜

图 5-38　小型金属办公书柜与大面积墙柜式书柜

中储藏的书籍一般具有三个特点：一是公用性强，要求使用方便；二是书柜要有足够的容量，便于书籍的分类储存；三是使用频率相对较低，无须放在手边的书可置于设有抽屉、柜门的书柜中保存。办公室中容量较大的书柜设计应注意虚实结合，有些隔间应留空，与装有书籍的隔间相结合产生出丰富的艺术效果，使大块的立面显得生动活泼。此外，柜门可以用拉手来做点缀和装饰。

2．档案柜

办公室中的档案柜（见图5-39和图3-40）是用来存放办公室职员档案以及办公资料的地方。办公室中常用的档案柜有金属档案柜和木质档案柜两种。

图5-39　常见立式金属档案柜和阶梯式金属档案柜

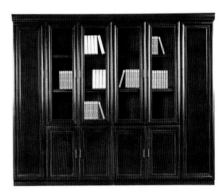

图5-40　常见木质档案柜

3．吊柜

吊柜（见图5-41）不仅可以扩大储藏能力，而且它的高度可以挡住人的视线，因此可以起到把大空间分成若干个小空间的作用。

图5-41　办公室中的吊柜设计应方便员工办公时使用

四、隔断类

办公室中的隔断在不同程度上起到了隔音和遮挡视线的作用，同时增加了空间的层次感，美化了空间环境。隔断还能划分工作单元的范围和通行通道，设计隔断的高度依据空间的功能、大小来确定。办公室隔断融合了现代设计灵活、拆装方便的装饰概念，既拥有传统的围合功能，又能储物和增强展示效果，既节约空间又使办公环境更富有个性。此外，不同类型的隔断还会产生截然不同的装饰效果。

1．以材料来分类

办公空间中的隔断按材料来分，主要有板材隔断和玻璃隔断。

1）板材隔断

板材隔断（见图 5-42 和图 5-43）是指不需要设置龙骨，将轻质的条板用黏结剂拼合而成的自身承重隔断。由于板材隔断一般采用大型轻质材料制成，施工中直接将预制或现制的板材拼装固定在建筑主体结构上即可，因此它具有自重轻、墙身薄、拆装方便、节能环保、施工简单等特点。目前常用的板材隔断主要有石膏板隔断和三聚氰胺板隔断。

图 5-42　轻钢龙骨铝合金嵌入石膏板墙面　　　　图 5-43　板材隔断将走廊与讨论室分隔开来

石膏板隔断具有防火性佳、吸声性强、吸湿性大的特点，可调节室内的湿度。用石膏板作隔断，其表面的花纹装饰可塑性强，风格多样，可根据不同顾客需要灵活定制，而且价格低廉，广泛应用于现代建筑室内设计之中。

三聚氰胺板隔断具有表面平整、不易变形、耐腐蚀、颜色众多且价格经济的特点。它质轻、防霉、易清理、可再生，与节能降耗、保护生态的现代设计理念完全相符，所以又被称为生态板。其基材是刨花板和中纤板，其由基材和表面材料黏合而成，由于经过防火、抗磨、防水浸泡的处理，其使用效果雷同于复合木地板。

2）玻璃隔断

玻璃隔断（见图 5-44），又称玻璃隔墙、不锈钢隔断，是用玻璃作为隔墙划分空间的一种形式，具有美观、时尚、防潮、无污染、透光性好的特点。玻璃本身良好的透光性可带给办公空间温暖和明亮的感觉。采用玻璃隔断装修办公室可以扩大办公空间的视觉范围，使整个空间透明化，即使在小范围内也不会产生压抑感。

图 5-44　某办公空间中的玻璃隔断将会议空间与走道分隔开来

从玻璃本身呈现的形式来看，玻璃隔断主要分为普通玻璃隔断、彩绘玻璃隔断、磨砂玻璃隔断、裂纹玻璃隔断。

（1）普通玻璃隔断的主要材料为透明白玻璃，通透特性极佳，呈现出简洁明快的效果，常与百叶结合，根据需要手动调节百叶来控制室内光线。

（2）彩绘玻璃隔断充分利用玻璃的透光性来采集光线，营造出丰富多彩、色彩斑斓的空间效果。办公空间中运用彩绘玻璃隔断会增加公司高雅的气质形象。

（3）磨砂玻璃隔断较其他玻璃隔断具有极强的隐秘性，同时又不会完全隔绝室外光线，展现出一种模糊的艺术美感。通常与透明玻璃、彩绘玻璃、三聚氰胺板来进行搭配。

（4）裂纹玻璃隔断即钢化玻璃经过撞击后使玻璃呈现自然龟裂状纹路的玻璃隔断。由于是经过撞击自然形成的裂纹，因此玻璃上每一片裂纹都是完全一样的，具有特殊的视觉效果。

2. 以隔断形状来分类

办公空间中的隔断从隔断形状来看，可以分为高隔断和低隔断。

1）高隔断

一般来说，做到天花板顶部的隔断称为高隔断或高隔间（见图5-45），可完全划分办公空间。高隔断适合于空间私密性要求较高的办公空间，它既实现了传统的空间分隔功能，又在环保、易安装方面可重复利用。

2）低隔断

高度低于室内层高的隔断称为低隔断（见图5-46）。低隔断又有"矮隔断""屏风隔断"之称。在一定空间范围内，科学有效地利用屏风隔断，能使单位空间的利用率大大提高。办公室低隔断适用于开放性的办公区域，利用其对视觉不同程度的阻隔来将职员之间分隔开，有利于提高员工办工效率。

图5-45　办公空间中的玻璃高隔断将空间分成
若干个功能空间

图5-46　办公空间中的文件柜式矮隔断

3. 以使用性质来分类

办公空间中的隔断按使用性质来分，主要有固定隔断和活动隔断。

1）固定隔断

固定隔断是指在办公空间中不能自由移动的固定了的隔断，是用于划分和限定建筑室内空间的一种非承重、可拆卸的构件，具有稳定安全、隔音环保、高效防火、美观大方的特点。

2）活动隔断

办公室的活动隔断（见图5-47至图5-49）是指可以根据平时工作需要进行自由移动的隔断。活动隔断具有易重复拆装、使用灵活、环保、便于工业化生产等特点。办公室中的活动隔断可根据需要随时将大空间分割成小空间或将小空间连成大空间，能实现一厅多能、一房多用，给人们的工作带来极大的方便。

图 5-47　活动隔断灵活性佳，可根据办公时的
不同需求自由变换

图 5-48　办公空间中的活动隔断收拢时
可形成敞开式的会议空间

图 5-49　某公司办公空间中的活动隔断展开时可形成封闭式的会议空间

第二节
办公空间中陈设品的主要类型

办公空间中的陈设品虽并非像办公家具那样占用办公室很大的空间，但也是办公空间布置的重点。适当的陈设品设置不仅可以增加公司的文化内涵，体现企业运作理念，还可以活跃办公室气氛，增加办公空间的趣味性与风格化个性。

办公空间中的陈设品大致可分为三个基本类别：实用性陈设品、装饰性陈设品和兼具实用与装饰的陈设品。

一、办公空间中的实用性的陈设品

实用性陈设品涉及范围很广，一般将具有使用功能的陈设都归为实用性陈设。办公空间中的实用性陈设主要有办公文具类陈设、日常生活用品类陈设、书籍杂志类陈设、灯具类陈设等。

1. 办公文具类陈设

文具用品在办公室中很常见，如笔筒、笔架、文具盒、记事本等。

2. 日常生活用品类陈设

日常生活用品也是办公室中不可或缺的陈设品，如茶杯、饮水机、垃圾篓等。

3. 书籍杂志类陈设

办公空间中的书籍杂志作为主要陈设品陈列在书架上，既有实用价值，又可增添办公室内的书香气（见图5-50）。书籍可按其类型、系列、大小或色彩来分组，一般采用立放的方式，有时也将一本书或一套书横放，多种摆放方式相结合，更显空间的生动有趣。另外，也可同时将古玩、植物与书籍穿插陈列，以增强办公空间的文化品位。

4. 灯具类陈设

灯具是提供室内照明的器具，也是美化室内办公环境不可或缺的陈设品，如图5-51所示。一方面，在没有自然光线或光线不足的情况下，人们的工作和生活都离不开灯具。另一方面，根据室内办公空间使用功能的不同设置不同的灯具，不仅可满足各功能空间的灯具用光需求，灯具本身的造型变化也会给室内办公环境增色不少。在进行室内设计时必须将灯具当作整体的一部分来设计，要考虑到灯具的型、质、光、色与周围环境的协调一致。办公空间中常用的灯具大致有吊灯、吸顶灯、隐形槽灯、落地灯、台灯等。其中，吊灯、吸顶灯、隐形槽灯属于一般照明方式，落地灯、台灯属于局部照明方式。

图5-50　书架上摆放的大量书籍，可增添办公室内的书香气

图5-51　花瓣形艺术灯具增加了空间的艺术气息

二、办公空间中的装饰性陈设品

装饰性陈设品又称作"装置艺术品"，是指用来美化或强化环境视觉效果的，具有观赏价值或文化意义的物品。如绘画、雕塑等艺术品，以及陶瓷、挂盘等手工工艺品等。装置艺术品对办公空间的营造有着非常重要的作用。首先，装置艺术品可以加强室内空间的视觉效果（见图5-52），起到丰富空间内容的作用，可构成环境的主要景观点，提高办公空间的丰富程度。其次，装置艺术品可以增加办公空间的艺术表现力，增进空间的艺术品位与个性品质。最后，装置艺术品还可以提升办公空间的装饰趣味。纯观赏性物品不具备使用功能，仅作为观赏用，它们或具有审美和装饰作用，或能表达一定的文化及历史意义。

图5-52　可口可乐公司墙面挂有与可乐有关的装饰画，充分展示了公司的企业文化

三、办公空间中兼具实用与装饰功能的陈设品

在办公空间中，有些陈设品除了供人们欣赏外，还有一定的实用性。办公空间中最主要的两种兼具实用与装饰功能的陈设品是绿化植物陈设和织物陈设。

1. 绿化植物陈设

在办公室内摆放适宜的植物陈设（见图 5-53），有利于营造更人性化的办公空间。植物除了可以美化办公空间环境外，还具有多重实质性功效。首先，植物可以吸收电子办公设备的一部分辐射，以减轻对人体的伤害。其次，有些植物可清除室内 87% 的有毒气体，还可吸收空气中的灰尘，起到良好的空气净化作用。最后，人们在长时间工作后将视线转向绿化植物，能够消除眼部疲劳，舒缓紧张，排除压力。现代办公空间中的植物配置已成为衡量办公室品质的一项指标。

图 5-53 办公室的植物陈设

2. 织物陈设

织物陈设是室内陈设设计的重要组成部分，随着经济技术的发展，以及人们生活水平和审美趣味的提高，织物陈设的运用越来越广泛。织物陈设以其独特的质感、色彩及设计赋予室内空间自然、亲切和轻松的氛围，越来越受到人们的喜爱。它包括地毯、壁毯、墙布、帷幔、窗帘、坐垫、靠垫等，既有实用性，又有很强的装饰性。

地毯作为办公室装修设计中的一项主要的织物陈设，具有吸音、防滑、保暖、缓冲等优点，并以其丰富的色彩、图案和柔美的质地美化空间环境，渲染柔和的气氛，如图 5-54 所示。地毯的花色也构成空间整体色彩的组成部分，应与室内墙面、家具和其他陈设物的色彩相融合，应注重整体色调的协调性。地毯有彩色地毯和单色地毯之分。单色地毯没有图案或纹理，其颜色由所选地毯制作的原材料决定。彩色地毯的内容较丰富，上面绘有各式各样的图案纹样，主要题材有花鸟鱼虫、风光景物、几何纹样等。不同风格、意境的室内办公空间应选用不同特色的地毯进行陈设。

图 5-54 会议室中铺设的地毯

第三节
办公空间陈设艺术风格

一、办公空间陈设设置原则

从办公室的特征与功能要求来看，办公室陈设设计需要遵循以下几个基本原则。

1. 秩序感

设计中的秩序，是指形的反复、节奏与韵律。秩序感在办公空间中主要由其陈设设计来决定，主要目的是创造一种平和与整洁的办公环境。平面布置的规整性、空间划分的合理性、整体色调的协调性、装饰风格的统一性、人流导向的合理性，这些都对营造办公空间的秩序感产生或大或小的影响。

2. 明快感

办公环境的明快感是指办公环境的整体色调清新明亮，灯光布置合理，自然采光良好等。因此办公空间设计中采用大面积明亮的颜色能带给人心境明朗、愉悦之感，使人心情舒畅。明度较高的色彩反光性也较强，在白天也可加强室内的采光效果，利于形成明快的空间氛围。

3. 现代感

现代办公空间打破了传统办公空间僵化的格局形式，更多地采用共享空间和开放式空间的形式，以便于员工间在思想交流与创意灵感上的发挥。现代科学技术日益发达，办公设备日益科学化与自动化成为现代新型办公空间的又一典型特征，电子办公设备是营造办公空间现代感必不可少的办公陈设。

二、办公空间陈设艺术风格

所谓风格，是一种长久以来随着文化的潮流形成的一种持续不断、内容统一、有强烈的独特性的文化潮流。现代企事业单位根据其工作性质与特点的不同将办公空间装修成不同的风格，体现出独特个性。办公空间主要包括以下几种艺术风格。

1. 现代简约风格

简约主义源于 20 世纪初期的西方现代主义。现代简约风格的办公空间设计在装饰上提倡简约化设计，利用现代新型材料，依据功能第一的原则，将设计的元素、色彩、原材料精简到最少。这种风格追求的是以少胜多、以简胜繁的艺术效果。现代简约风格办公室（见图 5-55）以其简洁的造型、精致的细节，营造出时尚前卫的空间感受，受到广大职场人士的喜爱。

简约不等于简单、直白，它是设计师经过创新后得出的设计结果，它并不是简单造型和平淡的布置。比如座椅的设计可以简约到只用一块板子弯曲而成，但它却是经过设计师深思熟虑后创造的符合人体工程学的一种设计。简约设计既美观又实用。

图 5-55　以白色为主色调的现代简约办公空间

2. 传统中式风格

传统中式风格（见图 5-56 和图 5-57），一般都是指自明清以来逐步形成的中国传统风格。传统中式风格的办公空间富有书卷气，体现了中国传统陈设的特色与传统文化的审美意蕴。传统中式风格的办公空间陈设一般具有以下几个特点。

图 5-56　古典文化韵味的会议室

图 5-57　传统中式风格的董事长茶室

（1）办公家具多采用明清家具造型，即全用木材作为原材料，利用榫卯结构进行连接。办公陈设注重造型，强调气韵生动。办公室中常设家具有博古架、中式花格、屏风等。

（2）办公空间内陈设的色彩沉着稳重，整体色调偏暗，给人温和、平缓的感觉，这正是中式设计理念的精髓所在。

（2）办公陈设常常以对称的方式进行布局，墙面常挂有古玩、字画、匾额及对联等中国传统文化装饰品，突显出高雅的格调。另外，在办公空间中适当摆放盆景，突出内敛、含蓄的特点。

3. 新中式风格

新中式风格的办公空间将现代元素和传统元素进行了有机结合，以现代人的审美需求去营造传统韵味。此类办公空间大多采用对称式的布局，用以营造清幽雅致的氛围，在装饰细节上崇尚自然情趣。在家具选配上，一般采用传统的圈椅、条案等中式家具与西式现代陈设相结合，强调舒适性与实用性。在材质上，多用榆木、橡木等硬质木材来表现东方文化的内敛气质。

新中式风格办公空间（见图 5-58）继承了传统中式办公空间的一些特点，民族风味浓厚，常以朱红、绛红、咖啡色等色彩为主，给人庄重之感，设计自然、幽静、雅俗共赏。新中式风格讲究的是"得其古意，取其精髓"，因此并不是中国传统元素的简单堆砌，它是以现代人的审美观来打造传统的事物，是中国传统文化适应新时代的表现。新中式风格办公空间中的陈设具有以下几个特点。

图 5-58　新中式风格办公室的会客区设计（运用陶瓷、绿植、灯具强化其风格特征）

（1）"形散神聚"。陈设设计在注重装饰效果的同时，用现代的手法和材质还原古典风格，具备古典与现代的双重审美效果。

（2）在造型设计上既追求传统中式的神似，又有自身的新意。

（3）用简化的手法、现代的新型材料和加工技术去追求传统式样的特点。

4. 现代欧式风格

欧式风格主要有巴洛克风格、法式风格、意大利风格、西班牙风格、英式风格、地中海风格、北欧风格等几大流派。现代欧式风格办公空间设计（见图 5-59）就是在办公室设计中融入欧洲的文化，表达强烈的西方精神内涵。欧洲文化艺术底蕴深厚，思想开放，设计中更注重创新。现代欧式风格办公空间呈现出以下一些特点。

图 5-59　现代欧式风格（运用黑色、白色进行室内空间的界面设计）

（1）以清新素雅的格调为主导，将传统的欧式风格进行简化，注重设计线条的流畅性和自然元素的融入。

（2）在办公空间中，尽可能简单装饰，强调形式服从功能的要求。

（3）办公室内一般选用同一系列的白色或深色家具，灯具和器皿等均造型简单、质地纯洁、工艺精细，喜欢选择多重线条进行装饰。

（4）注重布艺陈设的面料和质感，通常以丝质面料为主，追求高贵华丽的装饰效果，地毯图案和色彩相对淡雅，具有舒适脚感和典雅的气质。

现代欧式装修风格并没有完全摒弃传统欧式自然华丽的装饰特点，而是将其升华成更加精简的造型，依然具有豪华精美的特征。现代欧式风格比较适合大面积办公空间的装修，在较小办公空间装饰能体现空间的高贵与大气。

5. SOHO 式办公空间风格

SOHO，是 "small office & home office" 的简称，它代表的是小型办公和家庭办公。狭义上讲，它是指小额投资或创业，或在家办公；广义上讲，它是指个人的弹性工作形态和企业的灵活快捷运转行为。

SOHO 式办公空间（见图 5-60 和图 5-61）是个崭新的概念，它打破了"为生活而工作"的传统准则，人们可以按照自己的兴趣和爱好去自由选择工作，从而实现自由办公的愿望。它与传统办公空间的最大不同在于办公空间也是居家空间，工作与日常生活融为一体，因此 SOHO 式办公空间具有居家与办公的双重功能，如起居、睡眠、饮食、学习、办公等。

SOHO 式办公空间相对于传统的办公空间，其布局形式更加灵活多变，人们可以按照自己的意愿随意布置办公空间，创造出符合现代人审美的舒适环境和富有情趣的空间。SOHO 式办公空间通常拥有丰富多彩的颜色和多变的结构，以满足人们不同的工作性质和喜好，彰显个性。SOHO 式办公空间可以是单独的一个房间，亦可以是房间的某一个角落。

图 5-60　以白色调为主的 SOHO 式办公空间（家具形式简洁，陈设设置灵活）

图 5-61　SOHO 式办公空间的家具（形式变化多样，占用空间可大可小，实现了人们自由办公的愿望）

第四节
办公空间家具与陈设案例分析

一、盛世长城国际广告公司北京总部办公室

盛世长城国际广告公司于 1970 年在伦敦创立，从一家小型广告代理公司发展成一家全球规模的创新型传播公司。1992 年，盛世长城国际广告公司来到中国，在北京成立合资公司，主要从事广告创意制作，全面服务于综合

传播网络，让新颖的创意跨越诸多媒体种类。盛世长城坚持"创意就是生命，人才决定一切"的理念，锐意打造世界级的广告作品，帮助品牌升华成让消费者产生持久忠诚度和亲密感的"至爱品牌"。

1. 公司北京总部办公空间设置特色

盛世长城国际广告公司北京总部办公室位于北京朝阳区中环世贸大厦，拥有一个跨越三层的办公空间，该办公空间的设计打破了传统办公空间规整、单一的设计理念，尝试设计更自由的办公环境。三层的办公空间被看作是一个整体来营造，并兼顾每一处空间的功能，发挥对空间利用的最大可能性。

1）前厅空间

低矮的前厅设计是整个空间的前奏，其与随之而来的大厅形成鲜明的对比。如图 5-62 和图 5-63 所示，从蛋形前台空间到抽象简洁的顶棚布灯，除了令人耳目一新的前台造型外，入口空间的大面积木质墙壁上仅有"Nothing is Impossible"的英文标语作为装饰，一切都显得那么简单。

图 5-62　低矮的前厅与蛋形前台

图 5-63　前台与大厅衔接的入口空间

2）接待空间

绕过蛋形的前台便是让人眼前一亮的接待空间，如图 5-64 和图 5-65 所示。大面积的窗户设置与大量的白色调使该空间显得格外宽敞明亮。接待空间的桌椅都采用纯白色，一旁的红色沙发成为该空间的点缀色，增添了办公室活泼、生动的空间印象。

图 5-64　接待空间中的红色沙发与白色椅子的搭配

图 5-65　接待空间中的纯白色桌椅

3）职员办公空间

职员办公空间中的墙面用软质的有图案的壁布装饰，方便员工在工作中将创意钉在壁布墙上，壁布墙的颜色图案都是不一样的。在广告设计公司里面工作最注重的是概念，如果概念是好的，那么这个设计就很有力量，在这里这个概念就是这组墙。如图 5-66 所示，职员办公空间中，木质书架除了放置书籍与文件资料外，还被当作矮隔断将这个大空间分隔成许多小的半开放式空间，既有利于员工办公时的私密性，又方便员工之间的交流。木质书架上放置几盆绿色盆栽，增添了办公室的活力。

会议室墙面被设计成可转动的，极大地丰富了室内办公空间的空间形式。如图 5-67 所示，会议室的桌椅采用了典型的现代办公家具，长方形的木质会议桌和用黑色网布与钢材制作而成的会议椅相结合，再与长条形灯带进行搭配，造型简洁时尚。

图 5-66　利用木质书架隔断分隔办公空间　　　图 5-67　会议室中木质会议桌与钢制座椅设计

4）冥想创意空间

角落里的冥想创意空间（见图 5-68），配有四张矮小的淡黄色沙发椅和一张白色茶几，地面铺设白色地毯，吊顶采用白色石膏板。冥想空间的设置让员工能体验到不凡的空间感受。

5）休息空间

休息空间（见图 5-69）采用流线型的沙发设计，造型感极强，沙发上摆放不同颜色和花纹的抱枕，沙发一旁的墙上挂有的组合式绘画装饰，它成为这一休息空间的点睛之笔。阳光透过玻璃窗照射进室内，再加上沙发采用清新淡雅的浅黄色布料制作，使整个休息空间显得更为舒适、明亮、温馨。

图 5-68　设置在角落里的冥想创意空间　　　图 5-69　流线型沙发围合而成的休息空间明亮且舒适

6）走廊空间

办公室走廊（见图 5-70）除了必要的灯具设置外没有多余的装饰性陈设，最普通的密度板被裁切成 5 厘米的线条来修饰走廊部分，利用材质肌理来表现装饰美感，雕饰出一种简洁而不简单的设计理念。墙面上的大幅壁画是一个简单的、夸张的人头像，巨幅的帆布饰面墙给人们的视觉带来极强的冲击力，体现了广告公司大胆的想象力和夸张的特点。

图 5-70　办公室走廊设计

盛世长城国际广告公司北京总部的办公空间陈设布置简单、实用，并符合公司形象与企业文化，为员工创造了一个人性化的舒适、高效的现代办公环境。

二、谷歌（Google）公司伦敦总部办公空间的设计特色

谷歌（Google），是一家美国的跨国科技企业，致力于互联网搜索、云计算、广告技术等领域。公司开发并提供大量基于互联网的产品与服务，使人人皆可访问并从中受益，其高端的搜索引擎技术享誉全球。谷歌公司的办公空间暗示着"不会休息，就不会工作"的道理，其在全球各地的办公室设计都力求创新并具有人性化。办公空间能同时满足员工的工作需求与心理需求，因此成为人们心中的工作天堂。

谷歌在伦敦新设立的总部位于 Central Saint Giles，工作区面积为 16 万平方英尺（1 平方英尺≈0.093 平方米）。其室内设计属于典型的传统英式风格，但为了环保也采用了大量的现代可循环材料，将现代设计风格与 20 世纪 70 年代的复古风格完美结合。此设计打破了常规的办公布局形式，将"寓工作于乐"的主旨贯穿到整个室内设计之中，同时细节处融入当地的传统文化，从而创造出独具当地特色的人性化办公空间。

1. 前厅空间

如图 5-71 所示，在纯白色接待台的上方，谷歌的标记被做成立体的形式悬挂于天花板上，标记上饰有微小的 LED 彩灯，以吸引来访者的注意，同时为工作区的创意设计增加了些许趣味性。如图 5-72 所示，走廊的木质地板上装置有电视屏幕，更突显了其个性化设计的特色。入口处的走廊一边是一个开放式的接待空间，与前台相连，另一边是一整面装饰有英国国旗图案的隔墙，彰显了公司装饰设计上英伦风的特点。

图 5-71　饰有微小 LED 彩灯的立体形式的谷歌标记　　　　图 5-72　走廊地板上的电视屏幕

2. 办公空间

如图 5-73 所示，工作区的设置趣味十足，潜水艇风格的门上刻有"别转动打开"的字样。员工主要办公室被设置成开放式的空间形式，便于交流沟通，以黄色和绿色为主色调的弧形沙发散布在开敞式的办公空间中，让员工在工作期间也能享受到居家式的温馨氛围，同时，办公室中的小隔间设计提供了安静办公的场所，以满足不同员工的工作需要，如图 5-74 和图 5-75 所示。带有流苏的办公室，地面铺设有白色毛绒地毯，使办公室更接近于居家环境，给人亲切感，如图 5-76 所示。办公空间的角落里设置有一个半开放式的空间，大面积黄色沙发上点缀有一些红色或花色抱枕，员工可以在这里办公、休息或透过玻璃窗欣赏外面的风景，如图 5-77 和图 5-78 所示。木质书架隔断旁边的办公桌上摆放有环保材料制成的台灯（见图 5-79），整个办公区域以 Google 标志的四种颜色（即黄、蓝、绿、红）为主色调布置，营造出环保自然的工作环境氛围，突显了公司的整体形象。

图 5-73　潜水艇风格的门

图 5-74　开放式的办公空间设置便于交流沟通

图 5-75　办公室小隔间设计提供了
安静办公的场所

图 5-76　带有流苏的办公室，地面铺设有白色毛绒地毯

图 5-77　工作区角落里的半开放式空间

图 5-78　大面积黄色沙发上点缀着
红色或花色抱枕

图 5-79　木质书架隔断旁的办公桌上
摆放有环保材料制成的台灯

3. 会议空间

公司伦敦总部建筑里设置有各种大小不一的会议空间，以满足不同规模的会议功能需求。其中可容纳 200 人的主会议室享有"市政厅"的美誉，为谷歌公司开展大型员工会议之用，如图 5-80 所示。封闭空间会议室以各

种主题进行设计，采用绿色环保的现代装饰材料与办公家具，加入英伦复古风格元素，构造出多样化的小型会议空间，如图 5-81 所示。

图 5-80　可容纳 200 人的主会议室

图 5-81　红色调为主的小型会议室

4. 休息空间

中央休息区位于开放式办公空间的中心位置。木质博古架形式的弧形书架作为隔断将休息区与办公区分离开来，白色流苏挂帘又使休息区沙发与书架之间形成一道屏障，增加了休息区空间的私密性。隔断书架位置的合理布置既方便了员工工作时查阅资料，又方便了员工休息时的阅读需要。白色地毯、白色沙发、白色流苏挂帘与花色枕头相映成趣，共同构造了温馨舒适的中央休息区，如图 5-82 所示。书架与休息区沙发之间的走廊上铺设白色绒毛地毯，大大减小了走动时的噪音污染，保证了休息区的安静性，如图 5-83 所示。除中央休息区外的办公空间其他位置也设置有各种休闲区域，其间布置各式各样色彩柔和的沙发椅，员工可以体验多样的休息空间享受，如图 5-84 和图 5-85 所示。

图 5-82　中央休息区

图 5-83　走廊上铺设白色绒毛地毯

图 5-84　工作休闲区域中的各式沙发椅和正在休憩的员工

图 5-85　位于角落的沙发休息座椅与带棚顶的沙发床，员工可以躺在其间办公

5. 健身空间

如图 5-86 所示，公司健身房里各种健身设备齐全，体现了公司对员工健康状况的重视，也是其"寓工作于乐"的理念的一种表现。健身房里的哑铃印有谷歌的 LOGO，创造性地将公司的文化元素融入到了设计的细节里，如图 5-87 所示。

图 5-86　公司健身房里各种健身设备齐全　　　　图 5-87　有谷歌 LOGO 的哑铃

6. 餐饮空间

备有健康食品的咖啡厅和员工餐厅也是办公空间中的一大特色。新鲜水果、各国口味的自助餐与咖啡厅里的食品全部都是免费的，员工可以根据各自需要任意选择。咖啡厅的外表全用木质材料装饰，餐厅的桌椅也全部采用木质材料，为员工营造绿色环保的就餐环境，如图 5-88 至图 5-91 所示。

图 5-88　咖啡厅入口深浅不同的地面设计　　　　图 5-89　自助水果餐台

图 5-90　员工餐厅入口处　　　　　图 5-91　员工餐厅淡雅色调的木质桌椅

7. 户外空中花园

如图 5-92 至图 5-94 所示，户外露台空间中植物群落与木质地板、木质桌椅搭配，打造了一个休闲的空中花园，每一名员工都可以在这里养自己喜欢的花草。室外长平台被设计成"神秘花园"，既是工作区也是休息区，以分隔的工位组成。绿化植物围栏保护了员工的私密性，也阻挡了多余的阳光。

图 5-92　露台植物群与木质桌椅搭配，形成办公空间的空中花园

图 5-93　被改造成"神秘花园"室外长平台　　　图 5-94　绿篱成为安全性和私密性的隔断

谷歌公司里充满了各种奇怪、好玩的创意，给员工带来愉悦感和新鲜感。这样的工作区符合人性化的要求，舒适、放松、好玩。谷歌个性化、自然环保的办公环境营造出了轻松愉快的工作氛围，让员工在这样的环境中最大限度地发挥创造性和想象力，从而创造出高质量的产品。

思考题

（1）办公空间中的家具类型有哪些？

（2）办公空间中的隔断设计有哪些方式？

公共空间的家具与陈设艺术

Chapter 6　Furniture and Furnishing Art of Public Space

本书将公共空间中的家具与陈设设计划分为餐饮空间中的家具与陈设设计、商业空间中的家具与陈设设计、博物馆休息空间中的家具与陈设设计。这些不同的室内外空间形态是公共空间的重要组成部分，既有商业类型又有文化类型，既有室内也包括室外，对这些空间家具与陈设对象的深入了解有助于全面地学习室内设计的各类装饰风格、陈设设计要点，还有利于对空间感受的全面把握。

第一节
公共空间中的家具与陈设设计

一、餐饮空间中的家具与陈设设计

家具与陈设设计是餐饮空间设计的一个重要组成部分，也是对餐饮空间组织的再创造。家具样式及艺术品风格对创造空间环境气氛起到了有效的辅助作用。

1. 中式餐厅的家具与陈设设计

中式餐厅中的家具一般以中国传统家具的类型，特别是以明代家具形式居多，因为明代这一时期的家具设计更符合人体工学的需要。在运用传统的家具形式的基础上，将传统家具进行简化和提炼，并且保留其外形的神韵。中式餐厅的家具与陈设设计在很多方面都需要与整体的传统风格相协调，如在餐厅局部的小吧台设计、灯具设计、艺术品设计等方面，这些方面都是体现中式餐饮空间特色的重要的设计细节，如图6-1至图6-4所示。

图6-1　某中餐厅家具及陈设装饰

图6-2　中餐厅陈设

图6-3　中餐厅灯具

图6-4　中式室内茶室包间的陈设与家具

2. 西式餐厅的家具与陈设设计

西餐厅可以选择一些西方古典家具,同时也可采用现代风格的家具与之相配,如图6-5和图6-6所示。西餐厅的餐椅和沙发作为视觉的重要元素,在选择其样式、材质上都需要与西餐的文化相协调。如西式餐厅都以方桌为主,餐椅的坐垫和靠背则常采用纺织或皮革的面料,用色与图案较简洁。一般餐台上的台布则是选用较为淡雅的色调,并布置鲜花、烛台等作为点缀。一些大型较有格调的西餐厅还常常布置一架钢琴作为陈设的重点,用以营造西餐厅优雅浪漫的气氛。

图6-5　某西餐厅的陈设与家具　　　　图6-6　某酒店中西餐厅的整体设计

3. 地域特色餐厅的家具与陈设设计

地域特色也指地域文化,是在某一地域内为了适应当地的自然环境、社会环境而创造的特色文化或习俗。

家具与陈设设计中的地域性是指对本地民族、民俗的风格和本地历史所遗留的种种文化根基进行合理有效的保护与再设计,以体现更深层次的地域文化,如图6-7所示。地域特色餐厅可以根据自身主打的菜品特点和就餐形式进行合理的家具与陈设设计,在其艺术构思方面形成具有创新意识的摆放方式。餐厅中可以利用当地的传统图案、器皿、绘画等进行大胆的装饰和夸张的安排。

图6-7　广州某中餐厅为体现岭南文化的地域特色以绿植、彩色玻璃为陈设重点

4. 特色快餐餐厅的家具与陈设设计

在快节奏的今天,时间的长短早已成为现代人衡量事物的重要标准之一。快餐的就餐方式反映的就是一个字"快",用餐者不会在餐厅停留太久,更不会对其周围的景观和装饰多加欣赏和品读。因此,在快餐餐厅的陈设设计中应多运用线条和明快色彩进行设计,以简洁的图案进行装饰,如图6-8所示。由于用餐人员的流动性较大,因此餐厅要划分区域,可利用一些隔断、家具来引导人流的方向。

中低档的快餐店多选用长桌和较大的圆桌,这样的餐桌比较容易摆放紧凑,而小方桌则用于补充边角,便于充分利用营业面积，使座位数量最大化。高档快餐店多选用中方桌和中、小圆桌，稀疏的餐桌摆放能使顾客感到舒适，并可以摆出富于变化的布局，使室内格局更具情调。此外，座椅的色调一般用原色或比较明亮的颜色，并与餐桌配套。

5. 当代主题餐厅的家具与陈设设计

餐饮空间中的主题特色指的就是该餐厅设计时运用其所特有的主题文化，创造特别的就餐环境。这种以多种或一种主题文化为出发点，且贯穿整个室内设计的形式和内容是当下很多餐饮空间追寻的目标。对于主题餐厅来说，其室内陈设的重点是设计贯穿整个餐厅的主题文化元素，这些元素陈列在用餐环境的各个区域中，让就餐者在任何视觉能够接触到的地方都能有所回味与联想。餐厅主题陈设艺术是餐厅品牌文化形象构筑的重要部分。只有主题的陈设设计融入整个餐厅的各类层次空间时，才能带给前来消费的顾客更深刻、更完整、更有价值的体验，如图 6-9 所示。

图 6-8　迪士尼乐园中的快餐厅设计

图 6-9　迪士尼乐园中以和服为主题的餐厅陈设设计

6. 生态特色餐厅家具与陈设设计

由于现今社会对自然生态的关注，生态餐厅应运而生，如图 6-10 所示。由于生态餐厅是绿色餐厅和现代农业设施完美结合的产物，它是一种以餐饮为主、景观为辅的大型温室类建筑，其将丰富多彩的自然生态景观微缩化、艺术化，将绿色植物融入就餐环境，为就餐者提供绿色、舒适的就餐环境。其设计中运用了包括建筑、园林、生态环境等多种相关联的学科。采用节能、可持续模式进行室内空间设计，使就餐环境具有休闲、观赏的复合型功能。生态餐厅室内环境的形成与当今社会的科技、经济的发展密不可分。

图6-10　某餐厅用绿色植物及花盆作为装饰陈设

二、商业空间中的家具与陈设设计

"空间"的含义可引用老子《道德经》中的一段话："埏埴以为器，当其无，有器之用；凿户牖以为室，当其无，有室之用。故有之以为利，无之以为用。"商业空间陈设可分为狭义的商业空间陈设和广义的商业空间陈设。狭义的商业空间陈设指单纯的商业活动场所中所具有的陈设形式，如包括专卖店、百货商场、超市等空间的陈设；广义的商业空间陈设多指可提供相关服务和设施的，并可以此来满足各种商业经营和相关服务的陈列。商业空间的家具及陈设设计包罗万象，它是集购物、消费、餐饮、休闲、娱乐于一体的综合性研究内容。

1. 传统风格商业空间陈设设计

近几年，国内许多城市都修建了传统风格的商业街，一方面可用来烘托城市古老的文化，另一方面可加强对老建筑的保护与利用。与现代商业空间相比，这类空间主要是以一些老字号的店铺为主，如杭州的清河坊、北京的前门大街、武汉的江汉路等。这种具有特色的商业空间大都有其固定的传承店铺，这类店铺内部陈设多以传统家具及陈设为主，店铺外貌以保持自身古老的风格为特色，非常具有可识别性，如图6-11所示。

2. 现代商业空间中的陈设设计

现代的商业空间相较于传统的商业空间有着很大的变化，其在内部空间的组合形式、家具陈列的方式等方面也多种多样。现代商业空间在展示、储存、休息等环境设计中都非常注重家具与陈设的统一关联，并具有功能性与美观性并置的特征，如图6-12和图6-13所示。

图6-11　清河坊的店铺

图6-12　美国一商店陈设设计

图6-13　糖果店内用各类棒棒糖做的陈设设计

3. 商业空间中的展柜类型

（1）连续性展柜：作为空间中最常见的一种展柜，连续性展柜能构造出一个连续的、宽广的展示空间，是展示大面积、大体积商品的不二之选。

（2）独立式展柜：独立式展柜的运用相当广泛，受其独立性的作用，移动方便，便于展厅的整体布局，能凸显商品的特征，是时下较为流行的展柜类型。

（3）壁挂式展柜：挂壁式展柜是将单个的展柜直接贴挂于墙壁之上。挂壁式展柜根据展柜的开启方式不同，分为前门上翻式、前门平开式、前门推拉式。前门上翻式展柜采取前门整体上翻的开启方式，具有较好的密闭性，但由于门体较重，一般需要增设助力装置。

（4）多媒体展柜：随着陈列设计的发展与创新，多媒体展柜已经成为陈列布展时不可或缺的一种展柜类型。它能有效地控制"静态呈现"的信息量，取代过长的文字叙述。同时，它将动态的画面效果与电子触屏等方式纳入商品展示的过程中，让商品与观众进行"互动"，将求知的主动权还给观众。

三、博物馆休息空间中的家具及陈设设计

当下，博物馆的建设在世界各地迅速发展，特别是近几年国内博物馆的建设开展得如火如荼，每年各省市均有多个博物馆落成。博物馆作为一类文化教育机构吸引着很多参观者来学习、观赏、思考，也成为很多家庭聚会休闲的空间。博物馆既为人们提供了欣赏展品的场所，也为人们提供了一个安静思考、休息的地方。因此，这里对博物馆的休息空间家具的配置与陈设进行分析与研究，希望能够对未来博物馆的深入发展有所帮助。

凳子作为博物馆休息空间中最为常见的家具，其种类繁多。一般博物馆中的凳子有硬质的长椅、松软的沙发、具有现代感的高脚凳、复古的木椅等，这些家具本身不是文物，也不具备观赏价值，但从本质上来讲，它们必须与博物馆的整体氛围相协调。从实用功能上来讲，这些家具又是必备的。人们在欣赏文化艺术品的时候，在偌大的博物馆中走走停停难免会累，需要一些用以休息的家具。但需要注意的是，博物馆不同于公园，其休息空间家具的选择应考虑的重点是与整体建筑、馆藏、文物相协调。博物馆墙壁、整体色彩、灯光效果等这些细小的环节都是决定其休息空间家具的类型、大小、位置的关键。博物馆中应当尽量避免选择长椅，因为长椅易使人过度放松，出现躺、卧等不雅姿势。而在一些特殊的博物馆中，如儿童博物馆，可以设计一些造型较夸张、色彩较明快的家具，让儿童座椅、艺术座椅也能单独成为一件另类的展品，如图 6-14 所示。

博物馆室外庭院作为博物馆的延伸和补充部分，其家具的陈设首先是要满足人的行为和心理需求。博物馆室外庭院家具有着丰富的类型、优美的外观，这极大地丰富了博物馆的整体环境。例如，将户外家具与园灯照明相结合，将户外家具与展品雕塑相结合等，将家具的功能与质朴的造型融入自然和建筑环境，从而满足人们休憩的需求。博物馆在室外家具的设计中增添文化内涵则更能凸显整体建筑的文化层次，如图 6-15 和图 6-16 所示。

图 6-14 某博物馆中儿童空间的休息家具

图 6-15 某博物馆庭院中的黄色休息椅

图 6-16 某博物馆庭院中的休息椅与植物相结合

第二节
公共空间中的陈设艺术风格

公共空间中的陈设艺术风格包括的类型非常广泛，这些艺术形态对公共空间起到了丰富和美化的作用。公共空间的陈设风格可以通过设计者的构思将一些创意和想法融入空间的设计中。在公共空间的艺术风格中，无论元

素是"雅"还是"俗",是古典还是现代,都是来自设计师本身对其要表现的空间意象理解及转化形式的塑造。本节将对一些典型的公共空间陈设风格进行解析,通过案例来了解设计师所采用的方法与形式。

一、公共空间中的简约艺术风格陈设

在现代生活中,简约的设计风格得到很多人的关注。一方面,简约成为时尚的代名词,另一方面,简约设计的实施程序相对比较简单,能让设计者很快看到其设计效果。无论是在西方或东方,建筑设计师运用简约艺术风格的历史已经非常悠久。著名建筑师密斯在建筑理论中提出的"less is more"的名言,他设计的"少即是多"建筑遍布世界各地。日本设计师在传统的设计中进行提炼,形成日式简约风格,如公共空间中枯山水的景观设计。日式简约风格特别能与大自然融为一体,借用外在的自然景色,为设计带来无限生机。日式简约风格在陈设选材上也特别注重自然质感,以便与大自然亲切交流,材料以石、原木、席、竹为主,如图6-17所示。

北欧简约风格近几年在我国国内较为盛行,特别是IKEA的商业样板间的出现,为现代人的生活和工作带来了新的体验与感受。简洁的线条,明快的色彩,舒适的家具组合,为简约风格的创造带来新的组合模式。在北欧简约风格的设计中,自然观是很突出的,从建筑设计到室内的装饰、家具的选择,都很重视其本地材料的运用。在其陈设风格中看到的多是自然材料制作的、人性化的家具,其色彩简单、肌理丰富、功能实用,如图6-18所示。

图6-17 日式风格餐厅包房设计

图6-18 宜家家居中在电梯入口处的
北欧风格家居陈设

二、公共空间中的传统艺术风格陈设

公共空间中的传统艺术风格主要是指中式的传统风格的继承与发展。

中式风格陈设的主要构成体现在传统家具的摆设上。一般室内陈设多为明清风格的家具,装饰品的色彩以黑、红为主。室内空间多采用对称式的布局,格调高雅,造型简朴。中式传统室内陈设包括字画、挂屏、盆景、瓷器、古玩、屏风、博古架等,追求一种修身养性的生活境界。中国传统室内装饰艺术的特点是总体布局对称均衡,端正稳健,在装饰细节上崇尚自然情趣,花鸟、鱼虫等图案精雕细琢,富于变化,充分体现出中国传统美学精神,如图6-19和图6-20所示。

图 6-19　新中式餐厅空间中的室内陈设　　　图 6-20　公共空间中运用传统服饰作为陈设的元素

以餐厅为例，中餐厅空间意境的营造是赋予空间灵魂的过程。在国内，中式风格的陈设在中餐厅的设计中非常广泛。中式餐厅常常围绕某种主题来营造一种虚实相生、情景交融的传统风格空间环境，包括运用青砖、瓦砾、木质窗花、灯笼等元素在中式空间中频繁、多变化地应用，充分利用点、线、面、体的设计要素进行墙面的穿插、地面的拼花。陈设细节的思考，使得餐饮空间更具特色。只有在选择性的创新后的传统元素中再融入餐厅的经营特色才能对空间进行画龙点睛的作用，如图 6-21 和图 6-22 所示。

图 6-21　中式餐厅的墙面设计　　　　　　　图 6-22　新中式餐厅的室内陈设

三、公共空间的后现代风格陈设

"后现代主义"一词最早出现在西班牙作家德·奥尼斯 1934 年的《西班牙与西班牙语类诗选》一书中，用来描述现代主义内部发生的逆动，特别有一种现代主义纯理性的逆反心理，也即后现代风格。后现代风格是对现代风格中纯理性主义倾向的批判，后现代风格强调建筑及室内装饰应具有历史延续性，常在室内设置夸张、变形、断裂的拱券，或把古典构件以抽象的形式组合在一起。后现代风格的代表人物有 P.约翰逊、R.文丘里、M.格雷夫斯等。

现代室内陈设设计是室内设计的一个延续，在后现代风格的影响下，其陈设设计也形成创新的手段。后现代风格的陈设设计也作为一种艺术理念蓬勃发展。以格雷夫斯设计的美国迪士尼乐园酒店——天鹅与海豚酒店为例，如图 6-23 至图 6-26 所示，室内公共空间的区域都用了天鹅与海豚的抽象雕塑进行陈设，在吊顶的处理上与之相配的是夸张的抽象花卉图案，摒弃了传统图案。

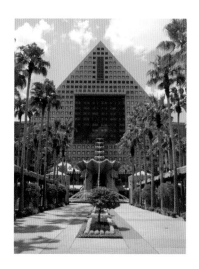

图 6-23　酒店建筑立面及入口景观

图 6-24　酒店室内喷泉陈设主景观

图 6-25　酒店公共商业空间陈设设计

图 6-26　酒店通廊休息凳及墙面装饰

四、公共空间抽象艺术风格陈设

抽象艺术一般被认为是一种不描述自然世界的艺术，它透过形状和颜色，以主观方式来表达。抽象主义的美学观念最早见于德国哲学家 W.沃林格的著作《抽离与情移》。他认为，在艺术创造中，除了情移的冲动以外，还有一种与之相反的冲动支配着，这便是"抽离的趋势"。例如康定斯基抽象画，都是以点、线、面的形式对画面的构图进行组织。

公共空间中运用抽象艺术风格的陈设能够使室内装饰更为统一，是体现室内功能性的重要手段。例如，在美国的飞机场、火车站、地铁站都能看到一些抽象艺术作品，让人在狭长的行进过程中对空间有所眷恋。又如，当下一些咖啡厅的设计中采用抽象艺术陈设，多选用康定斯基、达利、蒙德里安等的作品对空间进行整体的烘托和装饰。这些抽象绘画通过线条和色彩、空间运动，在不参照任何可见的自然物的情况下表达出一种极佳的精神状态。

五、公共空间中的具象写实风格陈设

具象指的是纯粹抽象以外的所有的具体的表现形式的总称。也可以说，具象陈设设计的表现语言是很丰富的，

图 6-27　某水果店的背景及展台运用写实方式进行装饰与烘托

典型的如各类写实的人物、风景、动物、静物油画，通过写实的描绘使画面具有强烈、厚重、肌理的质感，从而产生良好的艺术陈设效果与空间设计相匹配。

具象写实风格的陈设在当代公共空间中也有很多方式的运用。无论是户外的开敞型商业空间，还是室内的店铺或餐厅，具象的写实风格总是相对而言更具有可识别性。无论是风格严肃、感情悲壮的素描，或是有着斑斓色彩、形象特定的静物或风景画，都能使空间氛围在其整体的装饰氛围影响下呈现出更为细腻的层次，如图 6-27 所示。

 第三节

公共空间中的家具与陈设案例分析

一、海底捞火锅店室内家具及艺术陈设

20 世纪 80 年代中期，火锅业开拓创新发展，全国开设了多家连锁火锅店，其室内设计也引起了国人的关注。以武汉光谷世界城的海底捞火锅店为例，其空间面积占据了整个楼层的 1/3，分为等待区、接待区、就餐区、自主调料区，高低错落的台面家具设计方便不同人群的尺度需求，餐厅座椅的安排上有四人座、两人座、六人座等几种不同类型，整体空间设计以简洁、明快的暖色调为主，运用红色作为辅助色彩点缀座椅面，在大量的玻璃隔断上用抽象的圆形进行点缀，如图 6-28 所示。该火锅店内的陈设重点是提倡生态的设计，火锅店尽头一端的墙面上为整体的垂直绿化配置，这样的设计给室内带来了清新的感受，象征着生命的内涵，如图 6-29 所示。

图 6-28　武汉海底捞火锅店玻璃隔断及陈设设计

图 6-29　武汉海底捞火锅店垂直绿化陈设设计

二、美国商业连锁企业 Bath & Body Works 店内家具及艺术陈设

1990 年成立的美国商业连锁企业 Bath & Body Works 目前是美国地区沐浴类产品的最大品牌，其产品系列包

含身体乳液、沐浴乳、身体喷雾、香氛蜡烛及各种外围产品等。这些产品都创造出的各种特殊迷人的香氛气息，为个人保养产业注入了创新的活力。因此，Bath & Body Works 成了美国最受女性朋友欢迎、最爱使用的品牌之一。

Bath & Body Works 的店内展示家具及陈设设计每个月都不断推陈出新。其整体空间格局是沿着墙体尽可能地设计储存商品的基础空间，墙面柜子上部为隔层，下面为柜体，货物摆放整齐而简洁，每季商品会在室内陈设上用色彩、装置品进行点缀，特别是其对比色的运用走到了当下时尚设计的前沿，如图6-30和6-31所示。

图 6-30 Bath & Body Works 店内装置艺术设计展示（2015 年 3 月的情人节芬芳产品）　　图 6-31 Bath & Body Works 店内展示（2015 年 5 月推出的夏威夷风格芬芳产品）

三、丹佛艺术博物馆内的展示空间家具及艺术陈设

美国丹佛艺术博物馆分为新、旧两馆，旧馆由 Gio Ponti 和 James Sudler 在 1971 年设计完成，新馆则由 Daniel Liberskind 和丹佛戴维兹建筑设计公司共同完成，2001 年投入使用。作为一个重点展览抽象艺术的博物馆，丹佛艺术博物馆的新馆造型灵感来源于里伯斯金对抽象主义绘画的借鉴，在室内展示与家具设计中灵活运用了抽象画中的点、线、面元素，在建筑中将这些元素转化为立体的空间氛围，在展示设计中应用斜线变形展示道具，并运用具有象征意义的单色强化展品背景。

设计师借鉴抽象绘画中的斜线构图方法，结合展品内容、尺度、色彩、质地，并将斜线元素用于道具与展品间的背景，通过打散、重叠、异变、重复等一系列手法，让道具与展品在斜线的支撑下相互融合，形成更为匹配的关联。美国丹佛艺术博物馆在展厅休息家具的设计上也别具一格，将书籍的储存、展示风格与座椅形式相结合，休息座椅本身也成为展厅中的一件艺术作品，如图6-32至图6-34所示。

图 6-32 丹佛艺术博物馆欧洲展厅入口的展示空间家具与艺术陈设　　图 6-33 丹佛艺术博物馆二层露台艺术雕塑座椅展示陈设　　图 6-34 丹佛艺术博物馆古典家具展厅中的休息坐凳设计

四、苏州博物馆展示空间中家具及艺术陈设

苏州博物馆分为老馆和新馆两部分，新馆是由国际著名设计大师贝聿铭先生设计的历史性博物馆，总建筑面

积约为 2.65 万平方米。为充分尊重所在街区的历史风貌，其建筑整体设计与街区环境完美地融和为一体。博物馆新馆主体建筑檐口高度控制在 6 米之内，巧借山水，与周边的古园林浑然一体。

如图 3–35 和图 6–36 所示，苏州博物馆书画展厅整体简洁通透，巧用九宫格，顶窗采用玻璃裱以金属，让光线自然散落，使得观众有一种自然的感觉、置身于书房之内的感觉。

图 6-35　苏州博物馆内瓷器展柜设计与陈列　　图 6-36　苏州博物馆收藏的明代家具模型

苏州博物馆新馆的设计别有一番新意，遵循贝聿铭大师的"让光线来设计"和"对于博物馆来说，藏品和展示陈列比建筑本身更为重要"的理念，在展厅设计上，保证每个展厅的陈设家具、风格与建筑统一，做到简洁、别致、朴素、典雅，在布局上也独具匠心，用"借景""取景""框景"等手段来突出展品的特色，主次分明、错落有致，如图 6–37 和图 6–38 所示。

在整体陈列展示厅的设计上，多采用淡雅的色调来衬托文物的珍稀，用纤细的框架来框裱橱窗以凸显纤巧文物的精雅别致。创新式的陈列展示形式营造出幽密静雅的艺术环境。在展示元代娘娘墓、明代王锡爵墓的随葬品时，采用的是半透式联柜，展柜的上半部分镶嵌着大块的透明玻璃，打造出一整片较为完整的展示区域，下半部分则留白，这样的设计既能弥补全透式联柜所造成的空间空白，也能使观众较为舒适地欣赏展览品。

图 6-37　苏州博物馆内建筑构造与展品的协调　　图 6-38　苏州博物馆咖啡厅墙面的借景设计

家具与陈设设计的范畴及广度在不断地发展和延伸，并成为专业设计师所从事的一类新的研究方向。

家具与陈设设计在生活空间的各个部分影响着人的生存方式。公共空间家具与陈设物品的风格在较深的内在形式上与空间层次上强化了室内设计的艺术效果，丰富了室内环境氛围。

思考题

（1）公共空间中的陈设艺术风格有哪些类型？

（2）博物馆休息空间中的家具及陈设设计有哪些特点？

第七章

酒店空间的家具与陈设艺术

Chapter 7　Furniture and Furnishing Art of the Hotel Space

第一节
酒店空间中的一般家具类型

一、大堂家具

大堂也可称作酒店门厅接待区，主要包括门厅、接待台、大堂吧、精品店等功能区域。它是客人进入酒店的第一接触区，因此大堂的环境氛围以及设施会直接影响酒店对客人的吸引力。酒店大堂中陈设的家具既为客人提供休息、等待的场所，也是点缀厅堂的环境艺术品。从某种意义上讲，酒店厅堂的家具就好像是被精心雕琢过的艺术雕塑，在迎送客人的区间，让人眼前一亮。

大堂也是酒店的交通枢纽区域。除了与酒店的正门厅连接外，还常常与专门的宴会门厅、商务中心门厅、对外中西餐厅相连接。大堂的动线设计应对不同走向的人流进行分散，以免造成入口的交通拥挤。因此，在这些导向明确、分区明显的交通区域中也需要布置一些特定的家具，以备不同走向的人们的及时需求。

1. 总台区域家具

总台也称前台或接待台，直接面对酒店的客人。它是门厅中最重要的部分，一般设计在正对大门或容易被人发现的大堂区域中。总台的功能包括问讯、钥匙管理、进店登记、贵重物品寄存等。服务人员通过接待台与客人进行近距离沟通，了解客人的需求，并帮助客人完成相关的手续。接待台的设计要求方便客人进行手续办理，同时也要方便酒店服务人员进行相关的动作操作，因此总台的设计一般较为简洁明快，整体的外观设计要具有容易辨识、能留下深刻印象的特点，如图7-1和图7-2所示。

图7-1 酒店大堂总台与墙面设计风格统一　　　　**图7-2 酒店大堂总台呈弧形设计**

1）总台尺度特点

总台的设计要符合人机工程学，最大限度地满足客人和服务人员的使用方便，如图7-3和图7-4所示。一般总台分为内外两层，外层台面供客人使用，主要用来给客人倚靠、填写登记信息、交取钥匙等。内层台面供服务接待人员使用，包括登记、钥匙回收等。因此，柜台的尺寸应该根据不同的功能来设计，不同的柜面动作，柜台尺寸也应相应发生变化。如用于登记和钥匙回收的柜台，其内层台的工作人员要进行书写、清点、翻找和存放等动作，所以这两个柜台的设计要适当增加内层台的深度，并且不设置抽屉。内层台面是由不同的柜台单元组合而成的，具有人性化特点。接待台的长度则与客房数量的多少相关，一般以200间客房数为基点，也就是10米左右，客房如有增加，前台也需相应加长。

图 7-3 总台设计高度应适应人体基本尺度

图 7-4 总台设计

2）风格特点

总台的设计要融入酒店的整体风格中，体现出酒店本身的设计品位。一般的总台设计风格有欧式风格、简约风格、现代风格、中式风格等，如图 7-5 和图 7-6 所示。

图 7-5 简约式总台风格

图 7-6 欧式总台设计风格

3）材质方面

总台属于酒店的重要区域位置，不宜经常有日常的维护。因此，总台常用的材料有花岗岩、大理石、硬木、装饰面板、烤漆玻璃等，也有一些总台的侧面使用皮革或软包装饰，如图 7-7 和图 7-8 所示。

图 7-7 大理石台面的总台

图 7-8 木质总台

2. 门厅休息区家具

门厅中的休息区属于非经营的客人休息场所，是给客人进行短暂休息和停留的空间，如图7-9和图7-10所示。一般休息区应设置在不影响人流进出的角落空间或是相对安静的区域，但位置要明显。如一些酒店将休息区进行抬高或降低处理，形成大堂空间具有垂直区分的功能区域。

图7-9　北京昆仑饭店的休息区陈设　　　　图7-10　丹佛酒店的休息区家具组合

另外，酒店休息区的主要功能是给客人提供等待入住时的短暂停留空间，所以在设计时要充分考虑其与总台、大堂副经理台以及其他功能区的位置关系。也就是说，休息区的位置要便于客人看到大堂中各个部分的布局和导向。因此，休息区的家具要与酒店大堂的其他家具类型相协调，如图7-11所示。

图7-11　新中式风格的酒店在大堂休息区中布置的家具与陈设也符合新中式的风格

休息区的家具类型主要是各种样式的沙发和休闲椅，其特点具体如下。

（1）风格整体统一：在外观设计上，休息区家具要与大堂的设计风格保持一致。

（2）尺度不宜过高：这个区域的家具设计在体量上不宜过大，以免影响交通流线和视觉流线的通畅性。

（3）设计不宜太过舒适：由于门厅休息区是为客人提供临时休息而不是长时间休息的地方，客人如若聚集不散，则门厅的交通会受阻，所以该区域应尽量避免使用柔软的沙发和休闲椅，更不宜出现带有卧榻的组合沙发。其坐具应使用普通的坐立式沙发或扶手椅即可，如图7-12和图7-13所示。在材质方面，应避免采用过于舒适的软质材料，而适宜用铁艺、木质、藤质等硬质材料。

图7-12　上海某酒店中休息区的沙发设计　　　　图7-13　东莞某酒店中休息区的沙发

3. 大堂经理区家具

酒店大堂中除了总台和休息区的家具外，还有一个重要区域就是大堂经理区。这个区域是大堂里除了总台以外第二重要的区域。大堂经理区要负责处理客人对酒店一切设备、设施、人员、服务等方面的投诉问题，并且监督各部门的运作，协调酒店各部门的关系。大堂经理区主要提供的是沟通功能，反映在家具上就是办公桌、经理用椅以及客人用椅，如图7-14所示。其作为大堂中的另一个视觉中心设计时应注意与接待台的主次区别。

图7-14　酒店大堂经理办公区域的家具与陈设

4. 大堂中的辅助家具

一般在大堂中辅助家具较少，大堂中的辅助家具有边桌、边柜、几案等，上面放置有鲜花或装饰品，以提升大堂空间的艺术氛围。有些大堂还设置一个大屏风，用来分隔和装饰空间；有些大堂在通往电梯间或其他功能区域的交接处设有柜类家具作为装饰。总之，大堂中的辅助家具置放的位置往往都是酒店大堂内交通流线的必经之处，用来吸引客人的注意力，且具有一定的导向功能。

辅助家具的设计特点如下。

（1）造型和装饰要与酒店大堂的设计风格保持一致，具有一定的吸引力，使之成为一个视觉停留点。

（2）其位置不能阻碍交通流线，而要引导交通流线。

（3）这类家具在种类的选择和体量的控制上要根据其放置的位置来进行挑选。

二、客房家具

客房的设计原则是安全、私密、经济、灵活和舒适。安全主要是指客房的防火防灾和治安状况，表现在家具上则主要包括家具材质的防火处理，以及在造型设计上要避免使客人受到碰撞、磕绊等伤害。经济性则主要表现在客房区家具和各种设施、设备的耐用性及维修换补的方便性。灵活主要是针对客房空间的多功能使用和可变换使用而言的，家具在组合、打散方面都能方便使用。舒适则是指客房家具需满足客人的生理、心理及人体工程学等方面的需求。

1. 客房区公共部分家具

客房区公共部分主要由客房走廊和电梯间组成。不同的酒店，其客房区的平面类型不同，也就形成了不同的电梯间位置和走廊区域。一般而言，度假酒店、休闲娱乐酒店、旅游酒店占地面积较大，其客房平面布局较为自由、丰富；而城市酒店，尤其是高层酒店，用地有限，布局紧凑，其客房平面布局相对紧凑。客房区域常见的布局形式有一字形、圆弧形、S 形、圆形、椭圆形、折线型、交叉型、并列型、围合型、直线组合型、弧线交叉型、曲线组合型、直曲线结合型等。客人从电梯间出来常常会找不到方向，因此非常有必要在电梯间及通往客房走廊的流线节点或尽头处设置一些能起到标记和导向作用的家具。客房区公共部分家具如图 7-15 和图 7-16 所示。

图 7-15　客房区公共部分家具（一）　　图 7-16　客房区公共部分家具（二）

客房区公共部分的家具设计要点如下。

（1）在风格上要同周围环境相一致，但也要在造型、装饰上有所亮点，以体现酒店的品位和档次。

（2）在体量上不能太大，要尽量减少对于空间的占用，配合所处空间的尺度。

（3）在位置上应尽量设在电梯间或大的流线节点上，不宜占用狭窄的走道空间。

2. 客房睡眠区家具

睡眠区是客房最基本的功能区，也是整个客房中占地面积最大的功能区域。该区域最主要的家具是床。床的大小直接代表该客房的级别，床的质量则直接影响着客人的睡眠质量和身体健康，也是客人对酒店做出评价最重要的依据。而床及床屏的造型，甚至床后墙面的装饰都会影响客人对酒店的观感。客人在睡眠区的动作主要有躺卧、倚靠、垂坐、阅读等，其中躺卧的舒适性要求最高。

客房睡眠区床的设计不但造型要美观，还要求床垫与下面支撑具有合适的强度、弹性且无杂声。床的高度要符合人体工程学，以离地 400～500 毫米为宜。一般面积较小的客房中，床的高度会适当偏低一些，以显得房间宽敞。床的长宽方面，一般标间的床为 1 200 毫米×2 000 毫米，或 1 350 毫米×2 000 毫米；大床房的床有 1 800 毫米×2 000 毫米、2 000 毫米×2 000 毫米和 2 200 毫米×2 000 毫米的；单人间的床一般为 1 350 毫米×2 000 毫米；还有的酒店会提供长约 1 000 毫米的婴儿床。另外，要注意床水平面以上 700 毫米左右的床屏区域，这里是客人头部倚靠的位置，易脏，应采用防污性好、易清理的材料。

睡眠区除了床以外，一般还设有床头柜。床头柜可设立在床两侧，或是标间两床的中间。因为床头柜就是为了放置小物件用的，功能单纯，所以方便使用最重要。酒店客房睡眠区家具设计如图 7-17 至图 7-20 所示。

图 7-17　酒店客房睡眠区家具设计（一）

图 7-18　酒店客房睡眠区家具设计（二）

图 7-19　酒店客房睡眠区家具设计（三）

图 7-20　酒店客房睡眠区家具设计（四）

3. 客房起居区家具

客房起居区一般设在靠窗的位置，供客人眺望、休息、会客或用餐。一般客房起居区的家具包括休闲沙发或扶手椅、茶几等。标间起居区一般由两把扶手椅或单人沙发加一个小茶几组成。茶几可圆可方，圆形茶几的直径一般为 600～700 毫米，高度视沙发或扶手椅的扶手高度而定，高度在 500 毫米左右。

高级套房一般会设独立的起居室，并在舒适性上加大投入，例如，在沙发的选择、茶几的尺寸上其考究程度相对较高，如图 7-21 所示。另外，一些度假酒店的房间内还有可观风景的阳台，常作为客房起居空间的延伸。其阳台上的家具会考虑采用自然材质如藤、竹等，以体现自然、悠闲的气息。

图 7-21　客房起居区家具设计

4. 客房工作区家具

客房工作区主要由写字桌和座椅组成。以前，客房工作区不太为人们所重视，其写字桌一般与梳妆桌的功能合二为一。近年来，随着客人在客房中上网、办公的行为日益增加，酒店的普遍做法是单独在客房的一个角落辟一个工作空间，以方便客人在客房中处理文案工作，如图 7-22 至图 7-26 所示。

（1）工作区的家具在风格上要同整个客房保持一致。由于其功能性强，所以在设计上不用刻意突出其造型和装饰，客房工作区的写字台往往造型非常简单，一般不设抽屉或设一两个浅抽屉，台面下部为通透性强的桌腿或挡板。

（2）工作区的家具在体量上一般不大（除豪华套房或总统套房外），但由于国内外住店客人的身高体型等尺寸会有较大差异，所以工作区尤其是写字桌的尺寸设计要考虑多民族的通用性。

（3）随着数字化的快速发展，现在的客人会随身携带许多电子设备，如手提电脑、手机、数码照相机、平板电脑等，所以在设计客房工作区的时候应考虑这些物品的置放区域以及它们的充电方便性。如在写字桌的台面上排布电路接口，方便客人使用和收纳各种电子产品。

图 7-22　客房办公区设计（一）

图 7-23　客房办公区设计（二）

图 7-24　客房办公区设计（三）

图 7-25　客房办公区设计（四）

图 7-26　客房办公区设计（五）

5. 客房贮藏区家具

一般酒店客房的贮藏区主要由壁橱、行李架、微型酒吧台及电视柜组成。壁橱部分用以储存客人的衣物、鞋帽，也可用于收放备用的卧具。行李架上可置放较大的行李和箱包。微型酒吧台通常与壁柜组合，上半部分为玻璃杯、茶杯、托盘等，下半部分放一小型冰箱。电视柜则主要用来支承或掩藏电视及相关视听设备。

不同的酒店类别其对于客房贮藏区的要求也不同。例如：对于客人相对长期居住的度假酒店，其衣橱的设计应相对大一些，功能应细化一些；而经济型酒店对于衣橱的设计则相对简单许多，所占空间也明显偏小，有些甚至不设衣橱。

壁橱属于固定式家具，其设计常常包含在室内设计中。目前流行的壁橱设计常常位于客房走道和卫生间的对面。一般双床间壁橱进深 550～600 毫米，而经济型客房或单床间的壁橱进深可压缩至 300 毫米以下。推拉移门为客房壁橱门的常见形式。

行李架是一种特殊的客房家具。在设计行李架的时候，要考虑到表面材质的强度，以免行李包箱对其表面产生严重的损伤。而行李架的后墙同样要采取保护措施，一般会设挡板。与行李密切接触的部位常常会使用大理石、硬木等强度较高的材料。行李架的设计主要分三类：一是面板下方为柜体，并配门扇；二是面板下方为抽屉，一般以两个抽屉为常见；三是面板下方为空，整个行李架为搁板架状。

客房贮藏区家具的设计重点，除了功能外，还有美观，如图 7-27 所示。客房贮藏区的美观主要体现在贮藏区家具的柜门上。现在柜门样式丰富，材料也多种多样，有木质雕刻的、木皮拼花的、藤编的、镜面的，还有百叶窗型的，等等。

图 7-27　客房储存区的设计

6. 客房卫生间家具

在旅游饭店星级的划分与评定（GB／T 14308-2010）标准中，卫生部分的分值较高，这也说明了卫生间在酒店舒适性和经济性设计中占有很大比例，并能直接影响酒店等级。

如图 7-28 至图 7-31 所示，客房卫生间一般设有坐便器、梳妆台（或叫作洗漱台）、淋浴间或浴缸，配有浴帘、晾衣绳，并要求采取有效的防滑措施。高标准酒店还会在卫生间兼设淋浴间和浴缸，以满足客人不同的洗浴习惯。卫生间一般分为干、湿两区，梳妆台和面盆区为干区，其他为湿区。

卫生间家具主要有梳妆台、小壁柜等。设计时应依据卫生间的布局大小进行定做。尺寸需符合人体工程学要求，并在细节上体现出人性化和功能化设计。近几年，在卫生间的设计上有一种更为开放的设计，开放式卫生间使客房的空间变得更为宽敞。

图 7-28　酒店洗漱台设计（一）　　　图 7-29　酒店洗漱台设计（二）

图 7-30　酒店浴缸设计　　　　　　　　　　图 7-31　酒店淋浴房设计

三、酒店中餐厅家具与陈设

1. 中餐厅的家具与陈设

酒店的中餐厅一般分为大厅与包间。在中餐厅的设计中主要由各类座椅家具配置隔断进行空间的布局。目前酒店中较为流行的方式是通过各类形式的玻璃、镂花屏风将餐厅的空间进行分配，这样不仅可以增加装饰面，还可给客人留有相对私密的空间，如图 7-32 和图 7-33 所示。中餐厅的包间设计要避免桌子正对包间门，高档的包间内还应设置备餐区、休息区和衣帽间等。从装饰风格上来讲，中餐厅的装饰风格既可以很传统，用传统的装饰语言和明清款式的家具进行陈列，营造文化氛围。

中餐厅的家具主要有餐桌椅，餐桌主要是圆台面，尺寸一般从直径 1 000 毫米到 2 200 毫米，餐桌高度要同座椅的座高相配合，应符合人体工程学要求。包间内设沙发、茶几等，茶几一般较长，可用于茶艺的表演。

图 7-32　酒店中餐厅包间设计　　　　　　　　图 7-33　酒店中餐厅隔断设计

2. 西餐厅家具与陈设

酒店中的西餐厅设计往往比中餐厅更为灵活，这主要是因为西餐用餐方式属于分餐制，每个人只需面前的一块地方就可以了，所以西餐的餐桌面积一般会比中餐桌的小，并且方桌较多。西餐厅里还有一个重要的类别——自助餐，其形式是服务人员将各类菜肴、点心、水果、饮料等铺陈在条形桌上，客人在此自由选择菜品再带回用餐的位置用餐。西餐厅家具与陈设如图 7-34 和图 7-35 所示。

图 7-34　半开放式的西餐厅设计

图 7-35　西餐厅室内空间及家具陈设

西餐厅的装饰风格以欧式传统风格和现代风格为主。其家具的造型和风格也要符合装饰风格的特点。西餐厅的家具分为固定式和移动式两种。传统西餐厅用的餐椅往往都有软包，会选择较耐磨、易清理的材料。

西餐厅的桌子形状有圆有方，高度必须同餐椅高度相配。一般而言，西餐桌会比中餐桌的高度低一点，主要是因为西餐要用刀叉作业，桌面高了不便于使用刀叉。餐桌常用的尺寸大约为宽 900 毫米、深 375 毫米、高 800 毫米。餐桌的造型和装饰要同整个餐厅的风格相一致。在西餐厅中有时用灯具、蜡烛、植物在餐桌上进行摆放，它们形成了西餐厅中有特色的细节陈设。

3. 酒店中咖啡厅的家具与陈设

咖啡是西方人的日常饮品，随着全球化时代的来临，咖啡文化在我国也已经深入人心。酒店中的咖啡厅一般设置在西餐厅的附近，售卖咖啡和西点，是让客人放松和休息的地方。咖啡厅讲求轻松的气氛和幽雅的环境，因此咖啡厅的设计不但要别致有特色，还要营造轻、舒适的氛围，尤其在家具与陈设的设计上，要求与整体风格相协调。

酒店咖啡厅需要具有高雅、舒适的环境和家具设计，如图 7-36 至图 7-38 所示。咖啡厅中桌椅的设计应精巧，多采用双人位或四人位，双人位桌的尺寸一般为 600～700 毫米。沙发座有双人的、单人的、三人的，形式依据咖啡厅的整体风格确定。这些形态、色彩各异的沙发和座椅组合，使酒店咖啡厅的空间环境更显活泼和富于变化。

图 7-36　酒店中的庭院咖啡厅设计

图 7-37　酒店顶层露台上的咖啡厅

图 7-38　酒店中带有梦幻色彩的咖啡厅设计

4. 风味餐厅家具

风味餐厅是指在菜肴的选择和烹调方式上具有某一民族或地方特点的餐厅，如日式料理餐厅、韩国烧烤餐厅、新疆菜餐厅、四川火锅餐厅等。风味餐厅以其独特的室内风格和菜品佳肴吸引酒店的客人。

1）日式料理餐厅

传统日式料理餐厅在用餐时要跪坐在低矮的餐桌旁，因此室内风格多为榻榻米，桌子中空下凹，餐桌置于下凹处，餐桌两边的榻榻米上放上垫子或椅面直接落在地台上。椅子为无足椅，客人的腿足可以直接放到下凹的桌下。日式餐厅室内桌椅、隔断为木质本色，墙面装饰浮世绘壁画或卷帘，如图 7-39 和图 7-40 所示。

一般在日式餐厅的公共部分会设有制作寿司或生鱼片的柜台。客人可以围坐在柜台上，享用依次递过来的美食。这种柜台席比较高，主要为了照顾柜台里站立工作的服务员。这种柜台分为客人用餐台（外台）和服务员用的操作内台，内外台的高度有差异。柜台席客人用的座椅类似于吧凳的高度，大约在 760 毫米左右。日本料理餐厅的家具和陈设一般较简约，非常符合现代人的审美观。

图 7-39　酒店日式料理餐厅中的包间设计

图 7-40　较现代化的日式料理餐厅区域设计

2）地方特色主题餐厅

中国少数民族众多，很多地方的度假酒店都设有地方特色餐厅，如图 7-41 所示。这些餐厅在室内陈设与装饰上都呈现出当地的文化与特点。在餐厅的陈设中也将地方民间文化、家具造型、布艺、灯具等都引入到餐厅的设计中。有的地方特色餐厅还设有小型舞台，为宾客表演具有民族风情的歌舞，使餐饮、娱乐融为一体。

图 7-41　酒店中的川味主题餐厅

5. 宴会厅的家具及陈设

宴会主要分为正餐宴会、鸡尾酒会、冷餐酒会。正餐宴会一般采用坐餐式，有中餐宴、西餐宴或日本餐宴等。中餐宴一般为 10 人圆桌，主桌稍大，地位突出；西餐宴一般以长桌布置，规模大时也有 U 形桌、口形桌，主座位设在长桌中央。鸡尾酒会和冷餐酒会相对正餐宴会，在形式上更自由、轻松，没有固定的座位席，食物和饮料都放在台子或长桌上，客人随便取用。

酒店中的宴会厅有大、小之分。一般大宴会厅至少要能容纳 200 人以上，正式的宴会时，要配有专门的宴会厨房；中小宴会厅则要具有多功能特点，以适应餐饮、展览、发布会等的不同要求。宴会厅还设有前厅，此处有衣帽间、电话、休息区、卫生间等设施。

如图 7-42 至图 7-44 所示，宴会厅的家具设计主要是就餐用的桌椅设计，配合不同的宴会形式，所采用的餐桌椅不尽相同。一般大型宴会都会用台布和椅套，但一些小型的西餐宴中用的餐桌椅比较讲究，需要配合空间风格或根据客人的要求进行设计和选用。当宴会厅作为多功能会议厅使用时，其中的家具就要换成用于会议的长条桌或会议用椅，所以宴会厅附近应设一个储存库房，用以存放一定数量的座椅、桌子、台面等家具，以及搬运设施。

图 7-42　酒店宴会厅中的餐桌、餐椅设计（餐椅套可以随时进行更换）　　图 7-43　酒店宴会厅中的台布与椅子采用同种色彩进行调和　　图 7-44　酒店宴会厅中的灯具与墙面的设计

酒店宴会厅的家具设计需考虑以下几个因素。

（1）根据所在餐饮空间的大小、形状等对家具的数量和体量进行判断。

（2）以人体工程学为依据设计一椅多用。

（3）宴会厅中的家具造型、结构、材质，以耐用、易于维护清理为首要考虑因素。

（4）鉴于宴会厅家具有经常移动的需要，所以在设计时要考虑到其重量、可以施力的握手处、可叠放性、可拆卸性、可组合性，以及家具腿足对于地面的不破坏性。

四、娱乐空间家具

1. KTV 包房中的家具与陈设

随着酒店功能的不断完善，娱乐和健康设施也已经成为衡量酒店标准的主要依据之一。酒店的娱乐设施项目主要包括歌舞厅、卡拉 OK 厅或 KTV 包房、游戏机室、棋牌室、健身房、SPA 馆等。不同类别的酒店侧重的娱乐项目各有不同，例如：城市酒店往往设有歌舞厅、KTV 包房、棋牌室等；而度假酒店则往往利用面积优势，选择钓鱼场、实战模拟游戏场等户外项目。不同的娱乐项目对于家具的功能要求各不相同。

歌舞厅和 KTV 包房的设计（见图 7-45）讲究在室内空间布局上的动感，并注重空间装饰的主题性。在家具设计方面，造型上可以使用夸张的手法，并充分利用界面装饰、软装饰、灯光等使空间呈现出千变万化的丰富效果，同时，材质的运用也比较丰富，例如金属、玻璃、大理石、布艺等。

棋牌室（见图 7-46）的家具以牌桌和座椅为主。因为打牌、下棋等活动的时间相对较长，所以这些家具的舒适性比较重要。牌桌和座椅的尺寸配合也有讲究，针对不同的棋牌项目进行动作研究，可以设计出较为符合人体工程学的家具来。

图 7-45　酒店 KTV 包房中的家具　　　　图 7-46　酒店棋牌室设计

娱乐场所的家具外形设计比较自由，有固定式的，也有移动式的，可根据不同的项目需要，来创作不同的形态。其主要原则是活泼、耐用、易清理和舒适。

2. 健身美容会所的家具与陈设

健身美容设施近年来在酒店中发展较快，由于其健康、向上的休闲理念，其陈设一般较开放明亮。如图 7-47 至图 7-51 所示，一般城市酒店会选用健身房、按摩室、桑拿房、游泳池、网球场、保龄球室（至少 4 道）、壁球室、桌球室等健身美容项目；而郊区酒店和度假酒店根据不同的地理位置还会设有一些特色项目，如高尔夫球场、跑马场、射击场、室外滑雪场、温泉池、日用海滨浴场等。

图 7-47　酒店跑步机布局设计

图 7-48　酒店健身房设计

图 7-49　酒店 SPA 馆设计

图 7-50　酒店中的室内游泳池

图 7-51　度假酒店中的室外游泳池

这些健身美容设施和项目所使用的家具种类很少，最常见的就是用在 SPA 馆里的按摩椅和按摩床。一般这种按摩床为金属或木质框架，上面为海绵垫层，靠背可调节倾斜角度。床头面部常见镂空设计，方便客人俯卧时头部面朝下放置。按摩床的高度可设计成可调节状，大约在 600 ～ 800 毫米之间。另外，还有在泳池边和海滩边常用的休闲躺椅，这种躺椅一般为木质，可调节靠背角度，上铺海绵垫子，配有阳伞。

第二节

酒店空间中的陈设艺术风格

一、酒店陈设中的传统中式风格

传统中式风格的空间主要采用中国传统的线形、色调、建筑构件等形式设计。室内设计中选择以明、清家具风格为主，突出具有历史延续感和地域文化内涵的空间特征。

中式传统风格在酒店设计中的运用常常体现为以中国宫廷建筑为代表的中国古典室内装饰艺术。这种风格气势恢宏、壮丽华贵、高空间、大进深、雕梁画栋、金碧辉煌，造型讲究对称，色彩讲究对比。装饰材料以木材为主，图案多龙、凤、狮等，精雕细琢、瑰丽奇巧。但宫廷式的中国传统风格的造价非常高，且缺乏现代气息，所以被许多简约的中式传统风格所替代，即在布置、线形、色调以及家具、陈设等方面吸取我国古典园林建筑的"形""神"部分。如吸取我国传统木构建筑室内的藻井天棚、挂落等构成和装饰，以及字画、挂屏、盆景、瓷器、屏风、博古架等饰品装饰，在室内空间中简化对象的细节以突出民族文化的底蕴特征，如图7-52和图7-53所示。

图7-52　酒店传统中式风格陈设设计

图7-53　传统青花瓷风格装饰设计

二、酒店陈设中的西方古典风格

西方古典风格主要指古埃及时期的风格、古希腊时期的风格、古罗马时期的风格、中世纪时期的风格、文艺复兴时期的风格、巴洛克时期的风格、洛可可时期的风格。其主要特点是延续了15世纪至19世纪皇室、贵族的风格家具特点，讲究手工精细的裁切、雕刻及镶工，在线条、比例设计上也能充分展现丰富的艺术气息，浪漫华贵，精益求精，如图7-54和图7-55所示。

图7-54　酒店西方古典风格的装饰设计

图7-55　酒店西方古典风格的中庭设计

三、酒店陈设中的新中式风格

新中式风格诞生于中国传统文化复兴的新时期。在探寻中国设计的本土化上，将中式元素与现代材质巧妙结合在一起，将明清家具、窗棂、布艺床品相互映衬。中国风并非完全意义上的复古明清，而是通过中式风格的特征，表达对清雅含蓄、端庄丰华的东方式精神境界的追求。

在酒店陈设方面，新中式风格家具设计特色鲜明，新中式风格家具在造型上继承了中国唐代及明、清时期家具的设计理念，将一些传统元素提炼出来并进行加工处理，形成富有意蕴的新的元素形式。在色调上，新中式风格以红、黑、黄等中国传统家具的招牌色为主。在陈设装饰上运用一些概括和抽象了的传统纹样，从简单的样式中体现中式风格的内在品质。新中式风格是一种以现代设计手法来体现典雅含蓄的传统中国文化气质的设计风格，如图 7-56 和图 7-57 所示。

图 7-56　酒店新中式风格休息厅设计　　　　　　图 7-57　酒店新中式风格客房设计

四、酒店陈设中的日式风格

日式风格也是度假酒店设计中常常用到的一种。日式风格追求一种悠闲、随意的生活意境，空间造型极为简洁，在设计上采用清晰的线条，摒弃曲线，具有较强的几何感。日式风格喜欢将自然特质引入室内空间，其最为著名的枯山水和茶庭的园林形式现在被广泛用于以日式风格为主的空间设计中。在内庭空间中常常能看到白砂石铺地、拙朴的步石、矮松、洗手钵、石灯笼等陈设小品物件，营造出和、寂、清、幽的禅宗意境和自然氛围。日式风格中的家具在造型设计上较为简洁，以天然的木林、石材为主。另外，日式家具（见图 7-58 和图 7-59）一般都比较低矮，这和日本人民长期跪坐的生活习性息息相关。

图 7-58　酒店日式风格客房设计　　　　　　　　图 7-59　日式酒店客房入口设计

五、酒店陈设中的东南亚风格

如图 7-60 至图 7-63 所示，东南亚风格以营造和自然亲近的氛围为目标，主要依靠源自东南亚的饰物装饰空间。这些饰物大多是就地取材，比如印度尼西亚的藤、马来西亚河道里的水草以及泰国的树皮等纯天然的材质。色泽也以原藤、原木的色调为主，在视觉上有泥土的质朴感，再加上颇具当地特色的布艺点缀搭配，便散发出浓烈的自然气息，生命力十足。东南亚风格的家具在造型上比较简约，也比较自由。除了木材以外，东南亚风格的家具还常常混合使用藤、海草、椰子壳、贝壳、树皮、砂岩石等当地材料。

图 7-60　东南亚风格酒店餐厅设计

图 7-61　东南亚风格酒店休息厅设计

图 7-62　东南亚风格酒店室外休息座椅设计

图 7-63　东南亚风格酒店前台设计

第三节
酒店空间中的家具与陈设设计案例分析

美国佛罗里达州迪士尼世界天鹅酒店（见图 7-64 至图 7-69）是著名建筑师迈克尔·格雷夫斯的代表作品之一，此酒店属于后现代设计风格，给人一种置身于童话世界的感觉。迈克尔·格雷夫斯不仅是美国后现代主义建筑师，也是室内设计师、产品设计师。他热衷于家具陈设，又涉足居家用品、首饰、钟表以及餐具的设计。

天鹅酒店是迈克尔·格雷夫斯后现代主义建筑的代表作之一，其外部建筑形式设计夸张，色彩丰富，在建筑的顶部以蚬壳、天鹅进行装饰，以增强建筑物明显的视觉特征。主体建筑物墙面饰以波浪纹饰，橙色与蓝绿色进行对比，塑造成有别于其他传统形式的酒店建筑。天鹅酒店围绕着一片新月形的湖水。酒店外围环境中还单独配有通往迪士尼各个景区的"航运码头"和车站。

天鹅酒店建筑面积达 615 000 平方英尺（1 平方英尺≈0.093 平方米），格雷夫斯为此酒店设计了舞厅、会议室和零售商店、各类餐厅等室内功能空间，在风格上同迪士尼世界的"娱乐建筑"特性保持一致。

图 7-64　天鹅酒店入口设计

图 7-65　天鹅酒店楼顶设计

图 7-66　天鹅酒店客房阳台及庭院设计

图 7-67　天鹅酒店大厅喷泉设计

图 7-68　天鹅酒店休息区家具及绿植陈设

图 7-69　天鹅酒店中的意大利风味餐厅

绿色植物与陈设艺术

第八章

随着人类科技的不断进步和现代化城市的飞速发展，人们的居住条件有了极大的改善，对高品质生活的追求促使人们更加重视和青睐城市的绿色空间。室内绿色装饰的植物陈设也越来越受到人们的关注，成为室内设计中不可或缺的部分。绿色植物能带来回归自然的理想心理状态，能带来工作中舒适的环境氛围，能带来更为清新的生活体验，因此绿色植物的合理设计与各类陈设方法有益于设计师从更深的角度帮助人们改善身心状态。

21 世纪是环保的世纪，营造室内外绿色环境，是新世纪人们的主流追求。将绿色植物引进室内，已不再是单纯的"装饰"，而是在室内创造一个具有人与自然协调生存的生态生活氛围，以自我修炼的方式提高个体的环境质量，以达到全社会保护环境的目的。

第一节
空间中具有生命力的陈设设计

一、绿色设计概念与原则

绿色设计（green design），是一个内涵相当宽泛的概念。由于其含义与生态设计、环境设计、生命周期设计或环境意识设计等概念比较接近，都强调生产与消费需要一种对环境影响最小的设计，因而在各种场合经常被互换使用。它是关于自然、社会与人的关系问题的思考。

狭义理解的绿色设计，是以绿色技术为前提的工业产品设计。广义的绿色设计，则从产品制造业延伸到与产品制造密切相关的产品包装、产品宣传及产品营销各环节，并进一步扩大到全社会的绿色服务意识、绿色文化意识等。

"绿色"的确是具体的，同时对它的体验更是抽象的。健康、环保、自然，是许多人在很长时间内对"绿色"二字的概念认知，而对致力于细部研究的室内设计师来说，"绿色"的理解可以更深、更广、更细。"绿色"不仅象征着生命，它还是对空间设计概念的外延，是对具有生命力的室内设计的理解。

绿色设计应符合安全舒适的健康原则要求，应体现最细微的人性人情关怀。"绿色"，还与视觉、听觉、触觉、嗅觉息息相关。

在绿色室内设计中，应贯彻可持续发展、整体环境的思想观，遵循室内设计减少（reduce）、回收（reuse）、再生（recycling）的三原则。

1. 减少

减少，即少量化的设计原则。在室内设计中对一切材料和物质应尽最大可能地利用，以减小室内体量，简化装修形式，追求最精粹的功能与结构形式，减少消耗，降低成本，降低施工中粉尘、噪音、废气、废水对环境的破坏和污染，不搞过度装饰，减少视觉污染。

2. 回收

回收，即再利用的设计原则。回收是绿色室内设计中起步最为艰难的、必须集中尖端科技加强攻关的一部分。其要求设计从一开始就预料到终结，如开关插座的关键部分、易损部分，注意再利用过程中的完整性，做到室内陈设艺术品、装饰材料的再利用而不失完美。

3. 再生

再生，即资源再生原则。回收材料进行再生产的新颖设计，逐步改变了人们现有的、世俗的审美判断标准。进行设计时，最大限度地使用再生材料，提高资源再生率是当下设计师的一种新的追求。

了解绿色设计的概念能够让更多的设计师遵循其设计的原则，使室内空间更加和谐。将绿色植物引进室内已不是单纯的装饰，而是提高环境质量、满足人们心理需求不可或缺的因素。绿色设计已成为当下室内设计发展的一项重要趋势。

二、室内绿植设计发展

绿色植物被引入室内作为装饰的历史流传悠久。早在东汉时期，佛教受到印度佛教的影响，在庙宇中就有了佛前供花的宗教仪式。东汉王公贵族的府邸中就已经有盆栽摆设，这从河北望都发掘的东汉墓中的盆栽壁画就能初现端倪。到西晋时期，室内盆栽已很普遍，以盆栽菊花和芍药为盛。隋唐时期，人们开始将盆景作为室内主要的观赏植物。直到明清时，植物装饰更加普遍，并且逐渐成熟起来。清末以后，我国遭受帝国主义的侵略，丰富的名贵花种屡遭掠夺。新中国成立以后，观赏植物的栽培和应用得到了一定的复兴，各地都建立了植物园、观赏花卉园，对植物学的研究普遍得以提升。

三、绿色植物设计的重要性

绿色植物是生命与和平的象征，它们能带给人们舒适感和安定感，这种精神因素对现代人的生活与工作具有积极的感染力。利用各类植物所具有的向阳性、喜阴性、耐旱性特征来装饰室内环境，可以满足室内空间无生命活力的空间单调感。利用植物与家具结合，能够形成较有美感的区域。室内绿色装饰设计实现了室内空间的合理划分，使空间内容得以充实，同时能丰富空间色调，增加室内空间的活力，这些都是植物的生命给予人类生活和谐、心情舒畅的方式，因此，植物的生命力量必定带来空间的生命力量。

第二节
空间中植物配置的作用与功能

一、植物配置能够使空间自然延伸

绿色植物引入室内，使得空间兼有自然界外部空间的因素，内外空间自然并存。植物与家具组合使空间过渡变得更加顺畅，渗透效果更为自然，实现了内外空间的延伸。植物不再是一种简单的摆设，通过植物和室内空间的对比与联系，能让室内空间产生一种通透感，能增加空间的丰富层次，既延伸了室内有限空间，又开阔了视野。植物不仅能够给人带来欣欣向荣的活力，还可以在室内起到指引和提示的作用。将绿色植物引进庭院以及室内天井、中庭、狭廊、日光房，形成室内室外一体绿化，增加空间的延伸区域，使室内设计具有鲜明、亲切、自然的特性，如图 8-1 所示。

图 8-1　住宅主卧外的庭院空间种植厚重的绿化植物增添了空间的延伸活力

二、植物与家具组合能够柔化空间

现代的室内空间大多是由直线构建组合的几何体，给人以生硬、冷漠之感。利用绿色植物特有的曲线、多姿的形态、柔软的质感、五彩缤纷的色彩能够改善空间的这种状态，能够对冷漠、僵硬的建筑几何形体和线条进行柔化，改变人对空间的印象。植物的自然形态，以其特殊色质与建筑在形式上取得协调，在质地上又起到刚柔对比的特殊效果，植物五彩缤纷的色彩可美化空间，使室内空间生机勃勃，如图 8-2 和图 8-3 所示。

图 8-2　屋顶露台上将植物与隔断进行结合，柔化空间　　　图 8-3　室内攀缘的绿萝使入口空间更为舒适

三、植物配置能够改善人居空间环境

植物通过自身的光合作用吸收二氧化碳并释放出氧气，从而形成富氧空间，使人与植物的室内空气系统形成良性循环，提高空气中的含氧量，有效地吸收室内有害气体。新装修完的建筑室内，适当配置绿植可以吸收部分装饰材料散发出的有害气体。如芦荟、仙人掌、吊兰、虎尾兰、一叶兰、龟背竹、夹竹桃、梧桐、棕榈、大叶杨等是天然的有害气体杀手，可以清除空气中的有害物质。

将绿树、鲜花、青草和泥土搬到居室中，分散点缀，进而形成独特的室内小花园，怡情养性。室内植物作为装饰性陈设，比其他陈设品更具有生机和活力，能够为居住空间增添新的艺术气息，如图 8-4 至图 8-8 所示。

图 8-4　餐厅空间中的绿色植物能增进食欲　　　图 8-5　阳台上的牵牛花墙成为室内的软装饰

图 8-6　植物柔化了硬朗的墙体空间　　　图 8-7　高低错落的植物　　　图 8-8　植物使小院墙角充满生机

四、植物配置能够调和空间的环境色彩

植物色彩丰富、绚丽多姿。其主体是绿色，绿色能体现安静祥和、轻松自然，并能与许多颜色调和。

室内环境色彩主要包括墙壁、地面和家具的色彩。如果是暖色环境，则应选偏冷色花卉；反之则用暖色花卉。这样既协调又有一定的色彩反差与对比，更能衬托出植物的美感，如图 8-9 至图 8-11 所示。

图 8-9　某酒店大堂运用植物的绿色　　　图 8-10　商场运用凤梨　　　图 8-11　利用垂直生长的绿植
　　　　　与室内的纯白色形成对比　　　　　　　点缀空间　　　　　　　美化商场室内空间

第三节
空间植物装饰设计原则

室内空间既要为植物提供一个适合生长的环境，又要通过艺术的设计手法使植物与居住空间环境更好地融合，还要考虑植物自身需要的生长条件。植物装饰在考虑科学性、生态性、美观性的同时，还要考虑植物的光合作用，以及耐旱、保湿的能力。

一、空间植物装饰设计科学性原则

居住空间内植物要正常健康地生长，应充分考虑室内光照、温度、湿度和通风等环境因素。室内光线比较弱，只适合喜阴植物生长，所以观叶类植物在室内选择较多（见图 8-12）。对大多数室内观赏植物来说，最佳的生长温度为 20℃至 28℃。冬季温度在 10℃以上即可安全过冬，夏季温度超过 33℃，大多数植物将停止生长。同时，有些植物的生长需要一定的空气湿度。不同的植物根据其习性不同，应摆放在适宜的位置，适时地打开门窗通风。

二、空间植物装饰设计艺术性原则

室内植物装饰是展现大自然美景的艺术形式。在选购植物装饰居住空间前，应细心观察室内的环境尺度、色彩、形态，然后找到适宜的植物与之匹配，如图 8-13 所示。圣·奥古斯丁说："美是各部分的适当比例，再加一种悦目的颜色。"在美学中，最经典的比例分配莫过于"黄金分割"。

图 8-12　处于室内半阴状态的凹阳台中能够摆放
吊兰、滴水观音、龟背竹等观叶植物

图 8-13　按照一定比例关系搭配的花架和盆栽
使室内墙面更为丰富

三、空间植物装饰设计协调性原则

设计中应根据空间大小的不同、风格的不同，来选择绿色植物的数量、体积、种类。适当的比例和尺寸是造型陈列的基础，室内空间往往受到高度和视觉的限制。在空间范围大的地方，可选择较为高大、株型丰满的植物；

在空间范围小而狭窄的房间，则适宜摆放小型的盆栽来进行点缀。植物与花器本身形成对比，植物与家具、灯具形成对比，这样的设计能够使空间环境更加生动，形成鲜明的景观特色，如图 8-14 至图 8-16 所示。

图 8-14　阳台上的三角梅与　　图 8-15　三角枫与砖墙面　　图 8-16　小庭院休息区可以选择葡萄等攀缘
　　　　　现代雕塑产生对比　　　　　　　产生丰富的对比　　　　　　　植物进行屋檐处的收边处理

四、植物陈设应与居住空间功能相协调的原则

居住空间根据其不同的功能可划分为起居室、厨房、卧室、书房等不同的空间。居住空间根据其功能的不同，可以选择不同种类的植物来装饰，在变化中求统一，使植物和空间有机地协调起来，形成优美、舒适的居住环境，如图 8-17 至图 8-19 所示。

图 8-17　书房中的瓷盆　　　图 8-18　卧室中的小盆景　　图 8-19　公共墙面壁画前面种植的
　　　　　装的滴水观音　　　　　　　　隔断墙　　　　　　　　　茅草使画面更为生动

第四节
居住空间植物配置与陈设设计

居住空间环境内的植物配置应根据不同的使用功能来合理选择。居住空间的植物配置要讲求美观、实用、方便、易种植、易养护。一般较封闭的空间，光照条件较差，植物难以进行光合作用。因此，对室内空间光环境的考虑是居住空间植物配置首要考虑的问题。一般阴生观叶植物或半阴生植物是可以种植在室内空间中的。另外，

在家居空间中种植绿色植物并不是越多越好，对绿色植物和花卉盆景的摆设也要考究，在品种选择上应多找点与人体有益的植物，如香氛植物、沙生植物等。居室一般包括客厅、卧室、书房、阳台、餐厅、厨房、卫生间等空间，各空间功能不同，对植物的选择也应因地制宜。

一、玄关植物配置设计

如图 8-20 至图 8-23 所示，玄关摆放植物能绿化室内环境、增加生气。但是必须注意的是，摆在玄关的植物宜以赏叶的常绿植物为主，例如铁树、发财树、黄金葛及赏叶榕等，有刺的植物如仙人掌类、玫瑰等，切勿放在玄关处，以免适得其反。玄关植物必须保持常青，若有枯黄，就要尽快更换。

玄关处的光源通常在远处和高处，因此玄关处的植物选择一般是放喜阴植物。

玄关处还可摆放水养铜钱草、富贵竹、万年青等，高身铁树、金钱榕也可以置于玄关的一角。

玄关处空气流动性比较大，可养一些高大的植物或水生植物，有利于房间的湿度和温度平衡。

图 8-20　玄关中摆放的蕙兰

图 8-21　玄关中摆放的竹子等喜阴植物

图 8-22　入口玄关处摆放的装饰

图 8-23　门厅小隔断中放置空气草作为室内装饰

二、客厅植物配置设计

如图 8-24 至图 8-28 所示，客厅植物配置与室内陈设能反映主人的个性及审美。一般客厅的植物配置应适合不同的家具尺寸，如客厅搁架上可放置文竹、百合，酒柜上可以放置吊兰，看似不经意间的墙面上可布置小型多肉植物，在家具的旁边可放置植株大的植物，如幸福树、金边巴西铁、发财树等。

图 8-24　客厅中点缀的花饰给室内带来清新的气息　　　　图 8-25　客厅中点缀的绿色吊兰

图 8-26　客厅中摆放的蝴蝶兰　　　图 8-27　客厅中摆放的桃花　　　图 8-28　客厅中的散尾葵

三、餐厅植物配置设计

在餐厅布置一些植物能够使空间显得更为宽敞，不仅美化室内，也能给人带来更多的食欲感，如图 8-29 和图 8-30 所示。如仙客来、四季秋海棠、玫瑰、绣球花、康乃馨、圣诞花、常春藤等都可以使人心情愉快、增进食欲等。

图 8-29　具有西方风格的居住空间餐厅区植物陈设　　　　图8-30　具有东方风格的居住空间餐厅区植物陈设

四、卧室植物配置设计

卧室是居住空间中相对私密和安静的场所，卧室的绿色植物装饰要体现温馨、宁静、舒适、健康。很多植物都是白天进行光合作用，吸收二氧化碳，释放氧气，而在夜间会吸收氧气，释放二氧化碳，这样的植物不适宜放在卧室。卧室中可选择的植物可以是某些沙生植物，这类植物的气孔在白天是关闭的，光合作用制造的氧气到晚上才释放，如：仙人掌科的多肉紫牡丹、蟹爪兰；凤梨科的紫花凤梨、火炬凤梨等。卧室中还可以少量点缀一些花卉植物，给室内带来生机，如图 8-31 至图 8-34 所示。

图 8-31　卧室中水养的吊竹梅　　　　图 8-32　卧室中的蝴蝶兰小陈设

图 8-33　卧室中可以放置的多肉植物　　　图 8-34　卧室窗台的仙人球

五、阳台及露台植物配置设计

阳台是居室空间的扩展区域，是绿色植物装饰的首选空间，如图 8-35 至图 8-37 所示。充分利用阳台的有限空间进行植物与居家设施的结合，能够为生活开创一个新天地。阳台空间的内外侧都可以种植植物：阳台内侧可以栽种攀藤或蔓生植物，到了夏日能够遮阳；阳台外侧可以装铁花架，错落有致地放置盆栽和鲜花。阳台的内部空间还可以放置休闲椅、书架、咖啡桌，成为放松静思的角落。

阳台空间种植方式一般可分为以下几种。

（1）镶嵌式：利用墙壁镶嵌半边花盆，然后栽种植物。

（2）垂挂式：用小巧精致的容器栽种吊兰等垂吊植物，也可在阳台栏杆上垂挂小桶，这样更能节约空间。

（3）阶梯式：购置或搭建有层次的小铁架，将花盆错落有致地摆放在上面。

（4）自然式：利用阳台区域栽种一些藤蔓植物，使植物自然下垂。

图 8-35　阳台上的休闲区设计　　　图 8-36　阳台栏杆上自然攀爬的喇叭花　　　图 8-37　利用吊挂方式在阳台栏杆上种植的紫色炸酱草

六、书房植物配置设计

书房是相对安静，能够让人专心阅读和静心思考的地方。如图 8-38 所示，书房内的植物装饰品种不宜过多，简单富有层次的植物枝叶就可安定、平和人的心情。书桌上的植物摆设以兰、竹为最佳选择——"幽兰书房"是许多读书人所向往的。书房中适合摆放的植物包括文竹、兰花、君子兰、吊竹梅、常春藤、棕竹、米兰、茉莉、南天竹等。

图 8-38　电脑桌上放置的小植物盆栽以及书架旁放置的植物

七、厨房植物配置

一般家庭厨房都位于家中的朝北的房间，光照较少，选择植物时应选择喜阴植物。由于人们在厨房中的活动较频繁，厨房不宜放置大型植物，可以选择一些具有净化功能的植物，如冷水花、吊兰、绿萝等，能够使厨房的油烟稍加缓解。厨房的窗台也可以种植一些香料植物，如薄荷、香菜、葱等，让人可以在烹饪的过程中获取较新鲜的调料。

植物提供给人们良好的家居环境，享受一份属于自己的舒适惬意的绿色空间是健康生活的保证。居住空间的植物装饰与陈设使生活变得更有乐趣，同时，植物种类的选取、位置的摆放可体现出居住者立体的构思与艺术的修养。室内植物陈设可有效地帮助人们释放工作及生活的压力，保持舒畅的心情。

思考题
（1）居住空间中的植物配置方法有哪些？
（2）卧室适合摆放哪些植物？

Furniture and Furnishing Art Design

参考文献

[1] 郑奕丹. 历史类博物馆陈列设计研究 [D]. 武汉理工大学, 2009.

[2] 赵建鹏. 基于博物馆陈列展示的传播学研究 [D]. 辽西师范大学, 2013.

[3] 关德仁. 贵州省现代博物馆陈列方式方法 [D]. 东华大学, 2013.

[4] 杨举. 博物馆陈列展示优化研究 [D]. 东华大学, 2011.

[5] 毕天娇. 博物馆陈列空间的展示设计研究 [D]. 山东轻工业学院, 2011.

[6] 关晶. 中国国家博物馆陈列光环境设计研究 [D]. 中央美术学院, 2012.

[7] 张捷栋. 博物馆陈列展陈空间设计研究 [D]. 华南理工大学, 2012.

[8] 朱晓敏. 南佛历史类博物馆陈列展示设计研究 [D]. 西南交通大学, 2011.

[9] 刘爱河. 近代博物馆陈列展示设计内涵的演变 [J]. 中国博物馆, 2005 (4).

[10] 董松. 博物馆陈列中的灯光片设计研究 [D]. 清华大学, 2007.

[11] 王寿飞, 王程. 博物馆陈列设计中的照明理念和新体系 [J]. 古今农业, 2003 (2).

[12] 康浩. 陈列馆设计构想 [M]. 长沙: 湖南人民出版社, 2006.

[13] 赵云, 孙丽果. 文物博物馆装饰设计 [M]. 北京: 中国建筑工业出版社, 2010.

[14] 陈希, 周澄爱. 室内环境化设计 [M]. 北京: 科学出版社, 2008.

[15] [韩] 熊清出版社. 北京设计巧布置 [M]. 金圃贤, 崔晓, 译. 长春: 吉林科学技术出版社, 2008.

[16] 方海. 建筑与家具 (陈设设计) [M]. 北京: 中国电力出版社, 2012.

[17] 孙子夫. 中式家具展演与陈设 [M]. 北京: 化学工业出版社, 2008.

[18] [美] 斯图尔特·苏黛. 家具设计 [M]. 李鹏, 译. 北京: 电子工业出版社, 2015.

[19] 徐曦霞. 家具设计与概论 [M]. 上海: 上海人民美术出版社, 2014.

[20] 殷晓晨, 张柳, 方海. 家具与家具设计作品赏析 [M]. 北京: 中国水利水电出版社, 2012.

[21] 刘义云, 唐立华. 当代家具设计理论研究 [M]. 北京: 中国林业出版社, 2007.

[22] 陶涛. 家具设计与开发 [M]. 北京: 化学工业出版社, 2012.

[23] 胡景初, 世界现代家具设计 [M]. 长沙: 湖南大学出版社, 2010.

[24] [美] 阿瑟·普洛斯. 现工业家具与家具设计及历史 [M]. 方海, 王所玲, 殷小烽, 译, ...

[25] [日] 佐藤可士和. 佐藤可士和的超级整理术 [M]. 常纯敏, 译. 南京: 凤凰出版传媒集团图, 江苏美术出版社, 2009.

[26] 刘森林. 中华陈设传统民居室内设计 [M]. 上海: 上海大学出版社, 2006.